北京市公安局消防局宣传教育中心　审定

安全感：不可不知的救命常识

刘海燕◎编著

電子工業出版社
Publishing House of Electronics Industry
北京•BEIJING

居安思危，思则有备，有备无患。

——《左传·襄公十一年》

| 推荐序 |

每个生命都值得守护

/

（签名）

国家减灾中心总工程师

所谓安全感，就是人们渴望稳定、安全的心理需求。

安全感人人渴求，但是如何获得平安却需要每个人的不懈努力。在信息化快速发展的当今社会，科技的发展使得人们的日常生活日益便捷，与此同时，也带来了不少威胁人们生命与健康的潜在风险——抽油烟机不定期清洗，家用电器长时间通电，乘车不系安全带，等等，都会给人们带来健康和生命的危险。然而，这些十分平常、很容易避免的事件，往往被许多人忽视，只有等到事故发生后，才刻骨铭心。

子曰，“学而时习之，不亦说乎”。为了生存、为了生活、为了幸福，人的一生几乎都离不开学习，从咿呀学语、蹒跚学步，到生活技能、专业知识，人要学习掌握的本领，不胜枚举，数不胜数。

但是多年来，忙碌的人们似乎忽略了一个重要技能的学习和训练，说它重要，因为它是人类一切美好愿景的基础，是每个人生存的保障。这个技能就是守护生命。

生活中有多少灾难事故，原本并不该发生。又有多少悲剧，一直在重复上演。把生命安全教育列为人生第一课，应该是怎么做也不为过。

中国人自古就有居安思危的意识，懂得未雨绸缪的道理。早在两千多年前，儒家思想代表人物之一荀子就总结出了“防为上，救次之，戒为下”的九字箴言，值得我们每一名后世子孙认真思考、积极践行。

除了常见的意外伤害事故，安全也源自每个人的内心。《礼记》有言：人有礼则安，无礼则危。如果人人都有一颗真诚、善良的心，彼此尊重、和睦相处，世间便不再有因贪婪、自私、嫉妒等而引发的人与人之间的矛盾、冲突与伤害；人与自然也能和谐相处，天人合一，就不再有因人为因素引发的自然灾害、公共安全、事故灾难和公共卫生等事件。这才是一片真正安宁的世界。

作为一名消防一线工作者，本书作者根据自身的工作经历，认真梳理、深入分析，结合实际案例，总结归纳了现代社会人们在日常生活中可能遇到的人为或自然因素引起的潜在风险，并就每一个风险点提出了具体的防范指南。本书与实际生活结合紧密、案例真实、分析透彻，风险防范指南具体明确，便于操作，具有很强的操作性、警示性和普及性，适合各类人群阅读。

人是万物之灵，每个生命都值得守护。在不安宁的世界中不断修缮安全感，是每个人的人生必修课，怎么重视也不为过。希望本书的出版发行，能够引起更多的人对安全感的认识，不断增强风险防范意识。衷心祝愿生活在这个地球上的所有生灵，都可以过得安全，活得精彩！

| 目录 |

第九辑 ➤ 逃出火海 //225

第十辑 ➤ 平安万里行 //249

01

苦难见证者

十五年前，我从大学校园进了军营，在消防中队任见习排长。

那是京城一所位于繁华街衢的特勤中队，管界辽阔，火灾也频发，平均每年接警 400 余起。

每逢除夕、破五等烟花燃放高峰时段，十万火急的求援电话便如疾风骤雨，彻夜不绝。

记不清有多少火树银花的夜晚，我和战友们顶盔掼甲，驾驶火红战车，飞驰在大街小巷，锋利的警报声划破夜空，也为命悬绝境的人们送去生机。

和平年代，消防部队养兵千日，用兵千日。

无论在火灾、水灾、风灾、冰冻、地震，还是车祸、溺水、坍塌、坠落等天灾人祸现场，总能看见消防官兵们橙色闪耀的身影。

他们是百姓眼中的“天降神兵”，也是诸多人间苦难的第一见证者。

一个冬夜，营区内万籁俱寂，突然警铃大作，警报响起：

“破拆车准备抢险，某高速路发生车祸事故，有人员被困车内。”

警情就是命令。

官兵们迅如闪电，起床、着装、下楼、发车，共用了不到 1 分钟时间。

4 分 33 秒后，三辆警灯闪烁的消防车赶至车祸现场。

现场太惨烈了。

一辆黑色捷达轿车，迎面撞在高速公路护栏上，车体前部严重扭曲变形，挡风玻璃破碎，车身零部件散落一地。

车内有三人被困。驾驶位一名中年男士，大腿被方向盘死死卡住，正痛苦呻吟。

副驾驶座上，一位母亲抱着4岁左右的孩子，满脸是血，已经晕厥。孩子胸部以下嵌进车内，鲜血渗透裤腿往下滴，气息微弱。

队员们兵分两路，争分夺秒展开救援。通过破拆，父亲很快被成功救出，送上了救护车。

副驾驶一侧车体变形严重，队员们一边小心翼翼地用液压钳扩张、剪切，一边不停地呼唤孩子："宝宝，千万别睡啊，叔叔一定会把你救出去的！""你喜欢消防车吗，叔叔送你一个玩具消防车好不好？"孩子微微地眨了一下眼。

终于把孩子从车内抬出，早已等候一旁的急救中心医护人员迅速用担架运上救护车，现场抢救。

队员们围拢在救护车门外，屏气凝神等待结果。

不一会儿，车门打开，医生宣布说："孩子因为失血过多，停止心跳了。"

话音刚落，负责与孩子聊天的消防队员一个箭步上前，使劲拽住医生的衣袖，哭着说："不可能，孩子刚刚还冲我眨了一下眼。大夫，我求你了，你再看看，应该还能救的！"

医生无奈地摇了摇头。

返回途中，车内一片沉寂。望着窗外清冷的月光，谁都不愿张口。接连几日，原本热火朝天的营区听不到战士们爽朗的笑声。中队改善伙食，大伙儿的食欲也提振不起来。

一个多月后，一名老班长和我聊起当晚的救援，内心依然充满惆怅："排长，要是我们把车再开快点，或许能救那个孩子。"

我眼眶一热，拍了拍他的肩膀说："兄弟，咱已经尽力了。"

这就是我最淳厚朴实的消防兄弟们！

他们每个人，几乎都曾营救过几人、几十人，甚至上百人的性命；他们每个人，几乎都有为了营救百姓，不惜赴汤蹈火，与死神擦肩而过的经历。

然而，最让他们刻骨铭心、久久不能释怀的，不是那些曾经的荣光，而是在他们眼前逝去的鲜活生命！

02 生命的重量

人最宝贵的是生命，但生命对于每个人只有一次。

人生路上，难免坎坷，有时不小心跌了跤，拍拍身上的灰尘，还能继续赶路；若是疏忽大意栽了大跟头，可能再也爬不起来，要一辈子品尝无尽的苦果。

那是一年春天，刚过完年，晚上 7 点左右，一个小区地下室发生了火灾。

起火原因是地下室某租户从外地回来，口干舌燥，用电热水壶烧水，结果电线短路，引燃了沙发，引发火灾，租户见火势太大，独自跑掉了。

隔壁房间内，一位父亲和女儿闻到浓烈的烟味，意识到失火了，父亲嘱咐女儿留在房间内，自己赤手空拳出去灭火。

火越烧越猛，烟越来越浓，父亲望火兴叹，无能为力，当他打算返回房间叫女儿一起逃命时，浓烟烈火已经封住了去路，无奈之下，父亲只得从另一安全出口跑到地面。

半地下室有小截窗户露出地面，父亲的脸紧贴在窗户玻璃上，声嘶力竭对女儿呼喊：“宝贝，你趴在地面上，用毛巾捂住口鼻。”

女儿惊恐万状，依照父亲的指引，找条毛巾捂住口鼻，趴在房间地面上。

最悲惨的一幕发生了。父亲颤抖着身体，瞪大眼睛盯着女儿，不停地给女儿打气，却发现浓烟像幽灵一般，从门缝一缕缕渗进屋内，屋子里的烟越来越多。一块小小的毛巾，根本挡不住烟尘的侵袭，女儿因吸入烟霭中的有毒气体，一点点地失去知觉，终于失去了生命体征，父亲也瘫倒在窗外。

我赶到现场时，大火已经被第一到场的中队官兵扑灭。女孩尸体也被抬出，除了鼻孔里留下的烟渍，身上并无半点烧伤的痕迹。父亲趴在女儿尸体旁，两眼发愣，彻底崩溃了。

此情此景，让我觉得一阵阵心痛，我也是一个 8 岁孩子的父亲，深知孩子在父母心中的分量，孩子平时感冒咳嗽几声，一家人跟着揪心上火。遇到电视里拐卖儿童等新闻，都不忍观看。我实在不敢想象，这位父亲，亲眼目睹几分钟前还活蹦乱跳的心肝宝贝，在自己面前一点点地失去生命，那是一种怎样锥心的痛苦？人世间最悲哀的事，也莫过于此！

在地下室房间内，我发现了父亲给女儿新买的书包文具，我相信，这位父亲也像普天下所有的父母一样，恨不得把世上所有最好的东西给孩子。

但这位父亲忘了，其实给孩子最重要的礼物，是平安成长和健全的生命。如果这位父亲，稍微有点自救逃生的常识，怎么会在已经发现着火的险境下，在疏散通风条件极其恶劣的地下空间内，把女儿独自留在狭小的房间，错过绝佳的逃生时机？！

03

隐形的危险

20 世纪以来，日新月异的科学发现和技术发明，深刻改变了人类生产生活方式。但是，随着品类繁多的科技产品走进千家万户，带给人们便捷生活的同时，也在不经意间埋下了隐患的种子。

拔地而起的摩天大楼并非人们想象中的铜墙铁壁，因为高层建筑内人员密集，可燃物多，用电集中，错综复杂的通风空调系统使烟气无孔不入，我们生活的人造环境充斥着大量潜藏火灾风险的新材料、新产品……

据公安部消防局统计，仅 2014 年，全国共接报火灾 39.5 万起，死亡 1817 人，直接财产损失 43.9 亿元。经分析，这些火灾 68.5%发生在居民住宅，其中电气、燃气、生活用火、交通工具类火灾数量是最多的。

2014 年 4 月 10 日，北京消防总队发布了《北京市国民消防安全常识知晓率调查报告》。结果显示，北京市居民的消防安全常识知晓率得分为 65.9 分，其中火场自救逃生知识技能得分 73.1 分，而居民的消防安全防范意识较差，得分仅为 55.2 分。

从调查的十项指标看，北京市居民在“火灾不乘坐电梯”的得分最高，达到 93.4 分；而“燃气泄漏处理得当”、“对家用电器线路、燃气管道、灶具等的检查习惯”、“了解灭火器功能及使用方法”和“人员密集场所安全出口关注度”方面的得分较低，均不足60分。

有这样一个现场。

一个路边餐厅，因燃气泄漏引发火灾。

餐馆里面的人一边朝外疯跑，一边呼喊：“燃气泄漏了，快跑啊！”

路过的行人闻听动静，像赶集一样，从四面八方围过来看热闹。

其中有六人，一马当先冲在前面，把脸紧凑在餐厅玻璃墙上，瞪大眼睛往里瞅：“哪儿泄漏了，怎么看不着啊？”

这时，“轰”的一声，厨房燃气爆炸了，餐厅玻璃被爆炸冲击波震碎，六人全被炸伤。

改革开放以来，我国经济高速发展，人民物质生活水平大幅提升，但从传统农业社会生活方式过渡到现代工业社会的人们，自我安全防护意识并没有随之水涨船高。

作为一名常年战斗在宣传一线的消防队员，我曾亲历过上千场惊心动魄的火灾和救援。剖析这些灾害事故的背后，我们常常惊讶地发现，许多受灾者连最起码的安全常识都不了解，私拉乱接电气线路，贪图便宜使用劣质插板，油锅着火用水扑救，抽油烟机排烟道常年不清洗，将儿童独自留在屋内……每时每刻身临险境而不自觉，直至悲剧事故发生，才如梦方醒。

在一起起惨烈的事故现场，每当看到那些瞬间被摧毁的幸福家庭，那些被大火吞噬的弱小生命，那些捶胸顿足悲痛欲绝的父母，我既为他们感到深深痛惜，也从心底渴求人们能痛定思痛，汲取血的经验教训，未雨绸缪，主动学习掌握安全常识和自救逃生技能。

第一辑

厨房变奏

在《汉书·霍光传》中，记载了一个故事。

有一个访客，看到主人家炉灶的烟囱是直的，旁边还堆积着柴草，便对主人说："重新造一个弯曲的烟囱，将柴草远远地迁移。不然的话，会有发生火灾的隐患。"主人沉默不应。

过了不久，这家果然失火了，幸亏左邻右舍赶来相救，才把火扑灭。主人为了酬谢前来救火的邻居，杀牛买酒，请那些被火烧得焦头烂额的人坐在上席，其余的人坐在旁边，就是没有请那位劝他改砌烟囱、搬走柴草的人。

席间有个客人说："如果你当初听从那位朋友的意见，根本不会失火，也就用不着像今天这样杀牛打酒请客了。现在你请被烧得焦头烂额的人坐在上席，却把那位朋友忘了。这岂不是：曲突徙薪无恩泽，焦头烂额为上客吗？"

主人听了这话，猛然醒悟过来，他马上派人把那位朋友请来，并让他坐了首席的位置。

这就是成语“曲突徙薪”的来历。

生活在现代社会的人们，尤其是居住在城市里的市民家庭，如今早已实现了厨房电气化，烧柴煮饭、炊烟袅袅的生活场景已成往事。但由于厨房使用空间相对紧凑，各种厨房设备种类繁多，用火用电用气设备集中，潜存在现代厨房之中的隐忧，比古人有过之而无不及。

新春佳节，正是万家团聚的日子。

某小区张某一家三代同堂，其乐融融。

厨房内，张某的爱人小林正在准备年夜饭。琳琅满目的菜肴摆满了灶台。

还剩最后一道油炸丸子，小林倒上油，待油开了，将丸子倒进锅内，她哼着小曲儿按部就班地操作。

这时手机铃声响起，小林放下炊具，到客厅接电话，等她返回厨房时，发现因油温过高，油锅着火了，而且引燃了灶台上方的抽油烟机。

她一面大声呼喊“着火啦”，一面手忙脚乱端起一盆水，朝油锅泼去，可怕的一幕发生了，油锅里的火不但没有熄灭，反而瞬间发生了猛烈燃烧，小林脸部和双手被翻卷过来的火浪烧成重伤。

张某冲进厨房，立即让父母送小林去医院。自己关掉电闸和燃气开关，再用干布扑灭地上零星的火苗，但此时他发现抽油烟机内部的火苗越烧越旺，并顺着油烟管道引燃了厨房房顶。由于火在油烟管道内燃烧，张某根本无力扑救，他拨打 119 报了警。

5 分钟后，消防官兵赶到现场将火扑灭，但厨房已被全部烧毁。

原本欢乐祥和的节日，张某一家只能在医院凄惨度过。

或许，张某家厨房存在的安全隐患，同样存在于千千万万的家庭之中；小林离开正在生火的灶台，接打手机的场景，每天也在无数家庭重复上演。之所以他人能够幸免于难，并非有神灵护佑，而只是他们离灾难的距离，仅仅还差一公分，暂时安全而已。

这一公分的距离，是油锅内跳动的火焰，与积满油垢的抽油烟机之间的距离，也是幸福与悲伤、地狱与天堂之间的距离。

01

抽油烟机潜藏“火”患

或许有人会问，钢板材质的抽油烟机，怎么会着火呢？

其实，真正发生燃烧的，并非抽油烟机。

炒菜时油气蒸发产生的油烟，以及燃料的不完全燃烧物，附着于排油烟管道和抽油烟机上，日积月累，形成一定厚度的油垢，一旦有火苗被吸入油烟道内，这些油垢就会迅速被点燃，而且火势传播相当快，扑救难度大。

为此，厨房灶具、排油烟罩、排油烟管道的清理每月不应少于一次，平时能够看到的油垢要及时清除，保持排烟设施的清洁，防止火灾事故的发生。

据北京消防部门统计，近几年，全市每年因抽油烟机引发的火灾都在 60 起左右。可以毫不夸张地说，抽油烟机火灾正在成为家庭安全的一大隐形杀手。

延伸阅读 ❶

房主不慎引燃抽油烟机 幼儿被困家中

据中国消防在线报道，2016 年 8 月 19 日 11 时 11 分，内蒙古赤峰市翁牛特旗消防中队接到报警称，位于翁牛特旗乌丹镇的某小区发生一起房屋火灾，有人员被困，接到报警后，中队迅速出动3辆水罐消防车、1辆抢险救援车和10名指战员赶赴现场。

中队官兵到达现场后，指挥员立即了解情况得知，房主烹饪时不慎引燃抽油烟机，情急之下外出求援报警时不慎又将房门带上，屋内有一年方五岁的幼儿，情况危急万分。指挥员果断下达作战命令：利用撬棍将门撬开。打开防盗门之际官兵看到浓烟从厨房冒出，被困的幼儿尚不知身处危险之中，正坐在沙发上玩手机。指战员立即架起一支水枪阵地，集中力量直击火点。经过全体官兵近10分钟的努力，大火被成功扑灭，被困幼儿被成功转移至户外。为防止发生复燃，指挥员命令战斗班长对火场进行彻底清查，确定现场无复燃迹象。

延伸阅读 ❷

楼顶抽油烟机突失火

据中国消防在线报道，2016年8月22日16时39分，太原广场中队接到指挥中心调度称，位于迎泽区大南门清真寺旁的某饭店楼顶发生火灾。中队迅速出动4辆消防车及20名指战员赶赴现场进行处置。

16时50分，中队到达现场发现，位于饭店楼顶的抽油烟机着火。饭店人员正在使用干粉灭火器进行扑救。可是着火的部位在抽油烟的管道里面，干粉灭火器完全没有作用。滚滚的浓烟夹杂着火苗从管道里冒出，已经引燃了楼顶用于防漏的沥青。

中队指挥员立即下达作战命令：攻坚组携带破拆工具对抽

油烟机进行破拆；战斗班从楼顶垂直铺设水带，出一支水枪先扑灭楼顶沥青，然后再从破拆出的缺口里面对明火进行扑灭；供水班为主战车辆进行供水；警戒组疏散周围围观的群众，禁止无关人员进入火场。

17 时 11 分，明火全部被扑灭，中队继续对抽油烟机进行冷却清理，防止复燃。

目前，起火原因正在进一步调查中。

02
滚滚油锅泼水惹“炸锅”

油炸食品时，锅里的油不应超过油锅的2/3，加热时应采用温火，严防火势过猛、油温过高造成油锅起火。

油锅着火后，千万不能用水灭！

因为食用油的比重一般在 0.92g/cm^3 左右，比水轻，如果用水灭火，水会沉入锅底，产生汽化喷溅现象，形成“炸锅”，易造成火灾事故的扩大蔓延。

扑灭油锅火的正确方法是：先切断火源，关掉燃气。

用锅盖盖住起火的油锅，使燃烧的油火接触不到空气，油锅里的火便会因为缺氧而立即熄灭。

或用手边的大块湿抹布覆盖住起火的油锅，也能与锅盖起到异曲同工的效果，但要注意覆盖时不能留下空隙。

如果厨房里有切好的蔬菜或其他生冷食物，可沿着锅的边缘倒入锅内，利用蔬菜、食物与着火油温度差，使锅里燃烧着的油温度迅速下降。当油达不到自燃点时，火就自动熄灭了。

延伸阅读 ❶

油锅着火吞噬厨房

据中国消防在线报道，2010年6月8日凌晨，重庆市高新区石杨路36号1楼居民在炼火锅料时，油锅温度过高突然着火。由于居民在扑救时采用的方法不当，导致大火蔓延至走廊。高新区消防支队接到报警后迅速赶到将大火扑灭。

凌晨0时50分左右，高新区石杨路36号1楼居民在家炼制火锅料，没掌握好油温，霎时油锅燃烧了起来。该居民立即往锅里添加水想用水灭火，结果油锅火势更加猛烈，他立即跑到卧室拿出棉被想将整个油锅给盖住，可为时已晚，大火已将整个厨房吞噬，火苗也从窗户窜出向走廊蔓延。该居民立即跑到房外并拨打119报警电话。

高新区消防支队第二中队接到重庆市消防总队指挥中心调度后，立即出动2辆消防车和13名官兵于凌晨1时6分赶到现场，到场时发现该居民楼楼道上方堆放大量可燃物品，火苗正从房间窗户往走廊蔓延，整个走廊充满浓烟，不少居民正在楼梯间用水桶提水灭火。

中队指挥员立即组织一号车通讯员对火场进行侦查，发现由于居民在逃跑时将厨房门关上，所以大火并没有向客厅蔓延。得知情况后中队指挥员命令官兵们单干线加分叉出两支水枪，一支水枪进入厨房灭火，另一支水枪控制走廊的蔓延火势。随后增援中队——高新区消防支队第一中队赶到现场，也铺设干线对厨房火势进行控制。

经过消防官兵15分钟的努力奋战，大火被彻底扑灭。所幸此次火灾未造成人员伤亡。

消防在此提醒广大市民，在烹饪过程中如果遇到锅里油温过高燃烧起来，切记不能往油锅里浇水，应该先关闭燃气源，然后用锅盖盖上着火的油锅，或者往油锅里加倒大量食用油，使油达不到燃点而火自动熄灭。

延伸阅读❷

饭店液化气泄漏引发火灾

据中国消防在线报道，2014 年 8 月 23 日 12 点 12 分，袍江消防大队接到报警称，位于越东路中国文化城里的一家饭店由于液化气瓶泄漏导致火灾，接到报警后，大队迅速调派 3 辆消防车和 14 名消防官兵赶赴现场进行处置。

消防官兵到达现场后，饭店的厨房还在着火，液化气瓶“嘶嘶”向外泄漏液化气，随时都有可能发生爆炸的危险，危及居民区的生命财产安全。中队指挥员根据侦察的结果，将消防官兵分成两个小组，第一组人员利用一支水枪，冷却气瓶消除明火；第二组人员利用防护装备在水枪的掩护下快速地将气瓶关闭。然而意外的是，液化气瓶的阀门已在前期燃烧过程中被损坏，消防官兵无法按照原计划关掉阀门。在这个时候，指挥员命令一部分消防官兵立即疏散周围群众，两名抬着煤气瓶的消防官兵则快速地向饭店旁边的小河边跑去，将泄漏的液化气瓶投到河里，让河水对液化气进行稀释、溶解。然后，消防官兵成功处置了液化气瓶泄漏，防止了因液化气泄漏导致的爆炸事故的发生。

据了解，此事故主要是厨师在做饭时对液化气操作不慎引起的。消防在此提示：瓶装液化气要安全使用，应安置于远离易燃物处，应保持炉具及减压阀、胶管等配件的清洁。养成使用时人不离开，炉灶不用时关好开关（包括气瓶的总开关）的好习惯。一旦发现漏气，应请专业维修人员检修。

03 生火做饭不离人

使用明火做饭时，要做到用火不离人，离人不用火。

明火长时间对容器内的食物加热，会导致食物水分蒸发，被烤焦至燃烧，易引燃灶台周边可燃物，引发火灾。

此外，汤水沸溢出来，可能会浇灭火焰，或者使用小火时，火焰被风吹熄，燃气继续冒出，造成爆炸、火灾等事故。

延伸阅读

生火做饭离灶台 引发火灾险丧命

据中国消防在线报道，2013 年 9 月 21 日下午，乌恰县境内普遍大风，局部风力一度达到 6 级左右。当日 18 时 24 分，克州公安消防支队指挥中心接到报警称：乌恰县财政局对面一民房起火，火势凶猛，且有一人被困，情况危急。接到报警后，乌恰县消防中队立即出动 2 车 10 人奔赴现场施救。

到达现场，只见一居民房内火光冲天，周围均为居民房，不断蔓延的火势随时威胁着四邻，且加之当时的大风天气推波助澜，如不果断控制火势，后果将不堪设想。根据现场情况，消防指挥员立即下达作战命令，派人关闭电闸，切断电源，第一小组负责单干线出两支水枪，堵截火势蔓延并深入内部扑灭明火；第二小组派出两名队员，在水枪的掩护下深入内部搜索被困人员，顺利将被困人员营救出来。经过近15分钟的努力，明火得到有效控制。为杜绝余火复燃，消防人员继续使用喷雾水对残余火种进行消灭。

据户主了解，当天下午，他正在院子里生火做饭，然后有事离开了灶台，由于当日的大风天气，火种从灶台里掉落，引燃堆放在院子里的木头，并且迅速蔓延。见此情景，他立即拨打了报警电话。由于消防人员的及时赶到，将火势控制，并且及时将被困人员营救出来，所幸未造成大的损失。

消防部门提醒广大群众，当前处于秋收季节，柴草、秸秆、树叶等可燃物较多，加之当前季节性秋风天气，一旦遇有火源极易引发火灾事故，导致重大财产损失，因此，请广大群众谨慎动火，在大风天气下，严禁动火。

04
煎炒烹炸谨防油温过高

厨房内油炸、油煎、炒菜等烹饪制作是比较常见的操作方式，如果油锅内温度过高，锅内温度达到油的闪点，油便会发生闪燃。

如花生油的闪点为282℃，豆油闪点为140℃，菜籽油为163℃，蓖麻油为220℃，如果锅内温度超过闪点，持续加温，油锅就会产生自燃，一旦操作人员处置不当，就容易引起火灾。由于温度高，火焰大，火灾蔓延快，因此其火灾危险性极大。

有一种方法可以判断油温是否合适：扔一小片葱花到锅里，如果葱花周围冒出大量的泡泡，就说明温度可以炒菜了；如果葱花变色了甚至变焦了，则说明温度过高。

油锅起火险酿大灾

据中国消防在线报道，2015 年 1 月 7 日 12 时 49 分，克州 119 指挥中心接到报警称：位于克州一中旁一家属楼厨房发生火灾，请求出警。接到报警后指挥中心立即调派帕米尔中队 2 车 10 人赶赴现场。

12 时 51 分中队官兵到达现场，经消防官兵询问知情人和现场侦查得知，起火点位于四楼厨房，由于燃气还未关闭，现场还处于燃烧阶段，屋内含有大量浓烟和液化气味，随时会有发生爆炸的可能。

时间紧迫，中队指挥员立即下令:命令第一小组配合公安人员立即对楼上的住户进行疏散，以免造成不必要的伤害。第二小组在做好个人防护的前提下，进入厨房内部，进行关阀断源。第三小组沿楼梯铺设一条干线，利用开花水枪对关阀人员进行掩护并对现场进行稀释。经过 10 分钟的灭火战斗，消防人员不但将火势扑灭，保护了天然气管，还顺利疏散群众 30 余人。

经检查和现场了解，起火的主要原因是户主在做饭时，由于燃气灶的火苗较大，致使火苗窜燃到油锅里导致油锅起火，户主在起火的初期没能及时扑救，致使火势迅速蔓延，造成了一定的损失。在处置家庭类火灾中，有不少是因为家庭用火不慎，多数是在做饭时疏忽了如何合理地使用明火，导致出现多种多样的家庭类火灾，更严重的是引起家庭大火，从而一发不可收拾，导致经济财产严重损失。

针对这种情况，消防部门提醒：当发生火灾时，要保持冷静，避免产生手忙脚乱的现象，要学会自救。火灾发生的初期，要运用火灾扑救的基本常识进行合理扑救，并及时拨打119火警电话进行报警。

延伸阅读 ❷

厨师炸鱼引火灾

据中国消防在线报道，2010年11月2日下午2时左右，台州椒江七号码头附近一家餐饮店因厨师炸鱼时短暂离开，导致了一场火灾。幸亏椒江消防及时赶到，避免了一场大火灾。

下午2时15分，椒江消防大队接到火警：椒江七号码头附近的某饭店厨房着火。消防员赶到现场时发现，餐饮店三楼厨房浓烟滚滚，消防员立即拿水带对着着火的排烟机浇水，一两分钟内迅速将火扑灭，但是整个厨房还是被烟雾缭绕，烟味呛鼻。

为了防止死灰复燃，消防员继续拿水带冲水，屋顶的自动喷淋系统也随即一直往下冲水，慢慢地将厨房里的烟浇散。把厨房灶台上的火扑灭后，消防员随后将水带伸至排烟机的缝隙里，将排烟管里的烟浇散，以免留下火种。

据悉，一名厨师在炸鱼时，走开了一会儿，等他两分钟后回来，锅里的油已经烧得滚烫，高温促使小火苗不断往上蹿，碰触到排烟机上的油渍，很快就着了起来，当时在场的工作人员已用干粉灭火器将油锅附近的明火扑灭，但是对排烟机上的火则束手无策，所以才打电话报警。

椒江消防提醒，厨房要注意清洁卫生，特别注意时常清除油渍，因为厨房火苗较多，一旦接触到油渍就可能引发火灾，其中排烟管道也要时常清理油渍，以阻止火势蔓延。

此外，油炸食品时，油不能放得太满，油锅搁置要稳妥。烧油锅时，人不能离开，油温达到适当温度时应立即放入菜肴、食品。如油温过高而起火时，油量较少的可沿锅边投放菜肴或食品；如油较多，应迅速盖上锅盖，隔绝空气，充分冷却后才能打开锅盖。应指出的是：遇油锅起火，千万不可向锅内浇水灭火。

第二辑

电气“凶猛”

电的发现和应用，不过是近两百年的事，却从方方面面彻头彻尾地影响和改变了人类的生活。身处电气化时代的人们，生活无处不带“电”。

从一日三餐，到交通出行；从辛勤劳作，到休闲娱乐；从儿童手中的电子玩具，到上天入地的科学利器，人们匆忙的脚步，几乎一刻也未曾离开电的身影。

但是，人们在享受电力带来的无穷便利快捷的同时，许多家庭也正承受着因电气灾害事故带来的痛苦。

盛夏的一个夜晚，黄女士和女儿坐在沙发上看电视。

突然，一股黑烟从电视机机壳里冒出来。着火了！

黄女士看着不断从电视机里冒出的火苗，焦急万分，束手无策。

情急之下，从厨房端来一盆水，倒在正在着火的电视机上。

“嘭”的一声，电视机爆炸了。

炸裂的电视机显示屏碎片四处飞溅。

有几块碎片深深地刺进了她的身上和女儿的手上、脸上。

外来务工人员王某，经过自己多年辛苦打拼，终于拥有了一套属于自己的房子。

加上一个月前，又得了一个大胖儿子，幸福之情，溢于言表。

像往常一样，他把儿子的尿布搓洗干净，搭在客厅的电暖器上烘烤。

半夜三点，王某被一阵浓烈的烟味呛醒，冲进客厅时，已是一片火海。

虽然因逃离及时，一家三口未受伤害，但新买的房子却毁于一旦。

公司职员小李，习惯每晚睡觉前躺在床上看手机。

困了，就随手将手机扔在枕边。

手机充着电，人已进入梦乡。

这一晚，叫醒他的不是手机闹铃，而是手机电池猛烈的爆炸声，他的脸也被烧伤了。

因电气引发的人间惨剧，不胜枚举。

据公安部消防局统计数据表明，近 10 年来，我国因电气引发的火灾事故，占火灾总数的 30%左右，高居榜首。

全国平均每 20 分钟，就有一起电气火灾事故发生。

引发电气火灾事故的原因五花八门，包括电气线路老化、超负荷用电、私自乱接电器线路、电器设备故障等，但究其根本，几乎都是操作使用不当所致。

当人们兴高采烈地将空调、冰箱、洗衣机等电器产品搬回家时，当人们畅享手机、电脑、电视机带来的欢乐时，如果稍微留心安全操作使用规程，何致灾祸连连？

使用和安全使用，看似只有两字之差，实则相去万里，霄壤之别。

长时间的带电工作，可能让电器绝缘层变软、融化、冒烟、起火。

将电源开关从插头上拔掉，这只需要一秒钟时间。但如果你忽略了这一秒，可能需要一生去悔恨。

01
失火电视机泼水可能引爆炸

电视机在不使用的情况下应断电，拔掉插头，而不要使用遥控待机。在强雷雨天气来临时应关闭电视机，并拔掉电源和有线电视插头。蓄积的灰尘可能会导致电源线发出火花和热量或者使绝缘老化，从而引起电击、漏电或者失火。

请勿将电视放置在床、沙发、地毯或其他类似物体的表面上，它们可能会堵住通风孔，使热量在机内积蓄，电子元件损坏，冒烟起火。

不要将电视机放置在电暖炉或暖气片附近或上方，或阳光可直射的地方。

不要将盛有水的容器放置在电视机上，因为这样可能导致火患或电击的危险。

电视机开始冒烟或起火时，马上拔掉插头或关掉总开关，然后用湿地毯或棉被等盖住电视，这样既能阻止烟火蔓延，也可挡住荧光屏的玻璃碎片。

切勿向失火电视泼水，即使已关掉的电视也是这样，因为温度突然下降会使炽热的显像管爆裂，此外，电视内仍有剩余电流，泼水可能引起触电。

切勿揭起覆盖物观看，灭火时，为防止显像管爆炸伤人，只能从侧面或后面接近电视。

儿童家中看电视 电视突然爆炸起火

据中国消防在线报道，2013 年 5 月 13 日上午 7 时 30 分许，江苏淮安市淮阴区王营镇幸福路一民房突发大火，淮安市淮阴区消防大队接到报警后，迅速出动灭火力量赶赴火灾现场实施扑救。

消防队员赶到火灾现场时发现，着火的民房为 3 层砖混结构建筑，着火房屋四周紧邻着大量居民房，现场浓烟滚滚，火势正从 2 楼窗户和楼道口处向外卷着火舌，火势已处于猛烈燃烧状态。通过询问现场知情人得知，屋内无人员被困。由于小区内道路狭窄，电线密布，消防车无法靠近着火居民楼，消防队员只得从百米之外铺设水带干线到达着火的居民楼下，同时佩戴空气呼吸器，出两支水枪登上着火的 2 楼进行内攻灭火。20 多分钟后，大火被成功扑灭。

据了解，着火房屋的户主将自家住宅楼出租给数户人家。当时，一名儿童在屋内看电视，突然电视机发生爆炸，引燃房间内被褥、衣物等易燃物。庆幸的是儿童被闻声赶到的奶奶成功救出，可惜未能及时控制火势，导致火势迅速蔓延，直至消防队赶到后才将大火扑灭。

02
电暖器不是烘干机

请不要在电暖器上覆盖物品或烘干衣物，以免引发火灾。

请勿将电暖器放置在床头附近的位置，要保持安全距离。

请勿将电暖器斜放或倒放。

请勿长时间使用电暖器，离开房间时务必关闭电暖器的电源。

请勿将电暖器的电源插头插在高于电暖器的位置，否则易引发危险。

延伸阅读

小太阳取暖烧毁 9 间房

据中国消防在线报道，冬季寒冷，在五家渠一建筑工地的办公用彩钢板房内，一工作人员为取暖将办公室内一小太阳打开，可谁能想到当自己出去办事时彩钢板房突发火灾，造成 9 间房间被烧毁，损失较大。

2015 年 12 月 28 日 9 时 43 分，新疆昌吉五家渠市长安街消防中队接到报警称，位于五家渠市青湖路的一建筑工地彩钢板房起火，消防中队迅速出动 2 车 8 人赶赴火灾现场实施救援，

9 时 46 分到达火灾现场，经侦查发现，着火区域是由彩钢板材料搭建的，分为上下两层；着火点位于二层中部，由于火势较大，火势迅速向周边蔓延；而且周边都是住宅区，如果不及时有效地进行扑救，着火面积将进一步扩大，造成更多的财产损失。指挥员立刻下达灭火命令，出一条干线两支水枪进行灭火，由于过火面积较大，彩钢板房火灾不易扑救，消防人员立即用工地上的挖掘机开来对彩钢板进行破拆，并及时用水枪扑救起火彩钢板房。经过官兵近两个小时的紧张扑救，于 12 时 05 分成功将大火扑灭。事后询问报警人得知，该工地进入冬季后处于停工状态，当日他是去办公室取资料，由于太冷，他使用电暖器取暖，临时有事外出时没有将其关闭，没有想到引发了火灾。据消防人员统计，火灾中有 9 间彩钢板房被烧毁。

随着气温的下降，居民家中用火用电增加，电褥子、电暖风(小太阳)、电热宝等使用频率增加，无疑增加了发生火灾的概率。消防部门提醒：天气转冷以后，电褥子、电热宝等用来取暖的电器使用量增多，极容易烤焦旁边物品引发火灾。

03 别让手机变“手雷”

为了避免不必要的伤害出现，请在使用手机时注意以下事项。

充电时，使用本机许可的充电器和数据线。不要将手机放置在床铺、沙发等可燃物较多的地方长时间充电。

完成充电后，应及时拔掉电源，以免对锂电池性能产生严重损伤和破坏，引发燃烧或爆炸等极端情况。

不要边充电边接电话。按技术标准规定以及企业规范的控制，手机与充电器配合使用时应该是安全的，正常情况下充电时接打电话没有问题。但市场充斥很多劣质充电器，这种充电器无法满足安全要求，容易出现软击穿等危险。

手机电池要尽量选择有人在场时充电，这样能及时处理异常情况。充电中应注意充电器温度和有无焦烟气味，若温度过高、有明显烫手或出现焦煳味等，要先停止充电，在检查出原因和进行必要的处理后再进行充电。

请不要在禁止使用无线设备的地方开机。如飞机上、标明不可使用手机的医疗场所和医疗设备附近。

请不要在使用设备会引起干扰或危险的地方开机。如加油站、燃料或化学制品附近、爆破地点附近等。

延伸阅读

手机电池充电有讲究 谨防爆炸燃烧

据中国消防在线报道，2012年6月5日，海门市一名老人，将手机放在床上充电，然后就出门了，没想到引发了火灾；2012年6月27日，深圳一住户家突发大火，家被烧成废墟；深圳市某学校学生宿舍在夜间生火灾，消防部门出动4辆消防车近20名官兵赶赴现场进行扑救，在短短5分钟内，火灾就将一间宿舍电脑、书籍、床、棉被等生活用品焚毁。而引发这些火灾事故的原因均为手机充电不当所致。为此，重庆渝北消防官兵就手机充电提醒广大群众，注意以下两点内容，谨防错误充电引发电池爆炸起火。

一是用大电流给手机充电易酿火灾。在日常生活中，广大群众在遇到手机没电的情况时，经常借用他人充电器对手机进行充电，并只关心手机充电器接口是否相同、手机品牌是否一致，而忽略了手机的充电器充电输出电流大小。然而对电池充电时，如使用大电流对电池进行充电是十分危险的举动，因为使用大电流充电很容易造成电池发热，从而引发电池爆炸燃烧。因此，在给手机充电时一定要选择同型号的充电器进行充电，同时充电时间不宜过长。

二是手机电池遇高温明火易爆炸燃烧。可能在日常生活中，大家经常能在手机电池使用注意事项上看到“请勿投入火中”等字样，然而充电电池为什么要远离明火，大家却不是很了解。因为手机电池在遇到高温后，其内部产生气体，体积迅速膨胀，此时电池内部的泄压装置开始泄压释放气体，而该类气体在遇火后会被立即点燃，从而导致电池爆炸燃烧。因此，手机在充电时切不可靠近火源，亦不可在阳光下暴晒。

同时，结合各类手机充电和干电池引发的安全事故，渝北消防提醒大家，在手机充电时切忌在未断电的情况下拨打或接听电话；在干电池使用时，切不可将正负电极颠倒使用，以防爆炸事故的发生。

04 小小插线板连着“大安全”

劣质插线板配用铜芯线过细，是其引起安全事故的主要原因。铜芯线导体的横截面积越小，即电线越细，则电线承载容量越小。现在，一些家用电器的功率越来越大，例如电暖器、电磁炉、电吹风、电熨斗等，当劣质插线板接上这些大功率电器时，就会出现温度快速上升、过度发热、电线变软的现象，可能导致电线的绝缘外皮因受热而熔化，出现短路，有发生触电以及电气火灾的危险。还有一些劣质插线板，使用其他劣质金属材料作为电线的导体，埋下安全隐患，严重威胁着消费者的安全。

一定要购买新国标插座，不要选购国家禁止生产的万用孔插座。新国标插座的三相插孔与两相插孔分开，有 5 个孔；万用孔插座的三相插孔与两相插孔合在一起，只有 3 个孔。

购买插线板时应到正规的大型连锁商超、大卖场或电器城等经营场所购买，并留存购物凭证，不要在非正规商店或地摊上购买低价的“三无”产品。

插线板都有额定电流，不能超负荷使用，否则插座会发热、损坏电器甚至引起火灾。特别注意，不要将空调、微波炉等大功率家用电器插在额定电流值小的插座上使用。

“两芯线插座”是典型的不合格产品，我国插头插座标准明确禁止

“两芯线插座”。 所谓“两芯线插座”，就是移动式插座上有接地插孔，但是配用的是两根线芯的电线和两个插销的插头。这类插座缺少了一根保护地线，在使用过程中，一旦电器内部某个绝缘部件损坏或发生故障，由于漏电流无法通过“两芯线插座”导入地下，极易引发触电事故。

拔插头时不要拽电源线，这样容易把电源线与插头连接的部位拽断，从而发生短路、漏电，引发火灾和触电事故。不要用力拉扯电源线，一旦发现电源线损坏应立即停止使用；不要将水及其他异物掉入插线板插孔，以免造成危险和损坏。

延伸阅读

劣质插线板引发大火

据中国消防在线报道，“家里厨房着火了，你们快点来”。2012 年 9 月 14 日上午 9 点 37 分许，松阳消防大队接到报警称县城新华北路 6 号 4 楼一居民家中电器着火。接到报警后，松阳大队火速出动 1 辆消防救援车及 6 名消防官兵赶赴现场。

到达现场后，消防人员发现该栋楼 4 楼窗户浓烟滚滚。根据现场情况，指挥员立即命令救援小组展开扑救，灭火组用两只水枪进入 4 楼，从厨房门口进行初步灭火，另外一组利用高压水枪从窗口灭火，还有一组官兵则进入楼内查看其他地方火情，并进行楼内排烟。经过消防官兵近 30 分钟的努力，大火被扑灭。

据主人回忆事发当时，他就在客厅看电视，闻到了一股烧焦的味道，在找了一会儿后，才发现厨房烧了起来，当时还看见，插线盘不停冒火花，“啪啪”地响，着火了，插线板上所插的插头全都烧焦了。于是，他马上拨打了 119，希望消防官兵快点过来。事后想起，这个插线板是房主买家电时附送的，也没有牌子，没有国家认证商标，属于劣质违规产品，当时插线板还接着 3 个插头。

消防人员提醒：家中尽量不用商家附送的插线板，要购买质量有保障的产品；电器在不使用的情况下，尽量切断电源，一来可以节省用电，二来可以防止夜间或午后电压突然升高导致电源和电路损坏；发现插线板温度过高，插孔过松或过紧时，应立即更换。

05 私拉电线埋隐患

不按安全用电的有关规定，随便乱接电线，任意增加用电设备，不但可能造成线路短路，产生火花或者发热起火，还可能引起触电伤亡事故。因为电线拖在地上，可能被硬的东西压破或砸伤，损坏绝缘体；在易燃易爆场所乱拉电线，缺乏防火、防爆措施；乱拉电线常常要避人耳目，工具、材料等工作条件差，装线往往不用可靠的线夹，而用铁钉或铁丝固定，结果磨破绝缘，损坏电线；不看电线粗细，任意增加用电设备形成超负荷，使电线发热等。

用电要申请报装，线路设备装好后要经过检验合格才可通电，临时线路要严格控制，专人负责管理，用后拆除。线路和设备要由专业电工安装，一定要符合有关安全规定。

采用合格的线路器材和用电设备，切勿将正在充电的小型充电器随意放在床铺、枕头或书本上，人却离开。

延伸阅读

乱接电线引发大火 责任人被行拘10日

据中国消防在线报道，2010年3月23日15时35分许，新疆乌鲁木齐市杭州西街某理发店发生火灾，119指挥中心接警后迅速调派五中队3车12人赶赴现场扑救，火灾于3月23日15时53分扑灭，由于消防官兵扑救及时、处置果断，火灾并未造成重大的人员伤亡和财产损失。

乌鲁木齐市新市区消防大队火灾调查人员接到通知后立即赶赴现场进行火灾调查，经现场询问了解得知，该场所是一名女子租用作为理发店使用的，房屋分地上、地下，两层共40余平方米，地上为理发店，地下为该女子一家三口居住场所，两层通过一个位于理发店北侧的敞开楼梯相连。2009年，由于地下室电灯损坏，该理发店负责人私自找来自家亲戚（无任何电工上岗证、合格证）将地上的经营用电使用花线、多股铜导线等与位于一层连通地下室的楼梯拐角处墙内的单股铜导线搭接，供地下室照明、电冰箱、电视机、电磁炉等用电。由于使用的导线不符合国家规范要求，导线连接处未进行任何线路检测，线路全线亦均未进行穿管敷设，造成电线悬吊在半空中，与地板革做成的墙面隔断贴合在一起。

发生火灾时，理发店男主人正在地下室睡觉，不久就听到楼梯拐角处儿子大喊“着火啦”，随后被一阵“噼里啪啦”导线相互搭接短路打火的噪声惊醒，在用衣物扑救火灾未果后，男主人冲出一片散发着毒气的浓烟，逃出地下室。所幸发生火灾的时间为中午，店内尚有人员在正常工作，及时发现火灾，未造成人员伤亡。

火灾发生后，新市区公安消防大队高度重视，立即组成火灾调查小组对该起火灾事故原因进行了详细的调查，经过现场勘查和对当事人的询问了解，认定该起火灾原因为理发店负责人未履行消防安全管理责任，擅自搭接不符合规范要求的电气线路，造成线路短路打火，火星溅入可燃物发生火灾，构成过失引发火灾的违法事实，造成该理发店所在的临街店铺及与之相连的整幢住宅楼停水、停电 2 天。根据《中华人民共和国消防法》第六十四条第一款第（二）项之规定，新市区公安分局依法作出决定，将责任人行政拘留十日。

06 电气线路“带病”莫运行

使用中发现电器有冒烟、冒火花、发出焦煳的异味等情况，应立即关掉电源开关，停止使用。

电源开关外壳和电线绝缘有破损不完整或带电部分外露时，应立即找电工修好，否则不准使用。

一般家用电线正常情况下使用可达 10～20 年，用到一定年限电线就会老化得很厉害，要注意检查，如发现毛病，应及时更换。

烧断保险丝或漏电开关动作后，必须查明原因才能合上开关电源。任何情况下不得用导线将保险短接或者压住漏电开关跳闸机构强行送电。

发生电气火灾后，应使用盖土、盖沙或干粉灭火器，绝不能使用水或泡沫灭火器，因为此种灭火剂是导电的。

延伸阅读

出租屋起火房内物品全烧毁 屋内电线乱拉乱设

据中国消防在线报道，2011 年 6 月 7 日 15 时 15 分，广西柳州市鹿寨县一民房发生火灾，鹿寨消防中队接到 110 调度中心调度后，出动 2 车、10 人火速赶往火灾现场。

消防人员到达现场时，发现事发民房冒出滚滚浓烟。指挥员带一名班长侦查火场情况，发现火势已经被屋主用水管扑灭，屋里20平方米左右的小房间物品已全部被烧毁，但屋内仍有余火。了解情况后，消防指挥员下令出一支水枪灭火，同时利用消防捞钩清理屋内杂物。15时36分，余火被完全扑灭。

事后据租户反映，着火房间是她租的，当日下午14时20分她回来拿衣服时，发现卧室内冒着大量浓烟，火势顺着床铺、被褥、衣服等可燃物迅速蔓延，燃烧猛烈，热浪逼人。租户立即叫房东帮助灭火，但此时却没有立即报警，延误了灭火的最佳时机，等到大火燃烧过后才想起报警，造成了不必要的损失。通过现场可以看到，该出租屋内存在乱拉、私设电线的现象，加上电线周围存在大量可燃物，给消防安全留下了严重隐患。

消防官兵提醒群众，家庭用火、用电务必小心规范，夏季居民用电量大大增加的同时，火灾隐患也逐渐提升，规范的生活用火、用电，是避免发生火灾的重要措施；如果遇到火灾，一定要沉着冷静，要在第一时间拨打119报警电话，以免延误灭火时机。

07

饮水机“干烧”小心被烧干

饮水机的普及既解决了传统的烧水问题，又以实用、便利的方式改变了人们的烧水习惯。但是，由于饮水机的质量参差不齐，或消费者的不当使用，饮水机也能引发火灾事故。

造成饮水机火灾的主要原因有：温度控制装置失灵；电热元件损坏、短路，负载电流过大，超出导线的安全电流；饮水机内部线路老化等。

为防止饮水机使用不当引发火灾事故，要注意以下几点：

购买饮水机时要选择具有产品合格证的正规厂家的产品，最好选择名牌产品，切莫贪便宜购买劣质商品。

饮水机使用的插座、电源线都要符合规定要求，并安装漏电保护器，还要注意经常检查，发现损坏及时进行修理更换，以防意外。

饮水机要放置在通风良好的地方，周围不要有易燃易爆、热源、火源、腐蚀性气体或灰尘多的地方。

离家外出家中无人时，要将饮水机电源插头拔掉或将电源开关关掉，这样既安全又省电。

发现饮水机上的桶装水用完，要及时拔掉电源插头，同时通知水站送水，不要形成“干烧”。

在使用饮水机时，若发现有异常气味或噪声，应立即断开电源，及时维修。

教育儿童不要搬动饮水机或玩弄饮水机的按钮，以防弄坏饮水机引发事故。

单位、公共场所特别是重要部门或场所，对饮水机的使用最好落实专人管理，以保安全。

延伸阅读

饮水机短路酿火灾

据中国消防在线报道，2011 年 7 月 10 日晚，重庆巫山县行政大楼旁边一居民楼 8 楼失火，火灾造成该居民家中客厅、厨房不同程度过火，县消防中队迅速出动、科学扑救，成功将火患消灭在萌芽状态。此次火灾未造成人员伤亡。

21 时许，巫山县 119 指挥中心接到群众报警称：位于县政府旁边的一居民楼 8 楼失火，该住户家中好像无人。接到报警后，县消防中队指导员迅速带领官兵赶往现场实施救援。

21 时 6 分，消防官兵到达现场。事故现场周围挤满了围观群众，只见失火楼层浓烟滚滚，火苗也不时地从窗户窜出。经现场侦查、询问知情人得知，着火部位是 8 楼东侧住户家中，该居民家中无人，但邻居家中有钥匙。

根据现场情况，现场指挥员迅速下达任务、展开行动。警戒组：迅速实施现场警戒，疏散围观群众，防止灭火时高空坠物砸伤围观群众；灭火组：单干线一支水枪从正面进入，实施内攻灭火；供水员就近占领水源，保证不间断为消防车供水。

因室内温度过高，防盗门的温度也随之增高，当房门打开的一刹那，火舌席卷而出，幸亏消防战士早有准备，不然很可能被“火魔”吞噬。面对气焰嚣张的“火魔”，消防官兵依然坚守岗位、英勇顽强。经过10余分钟的紧张战斗，大火终于被扑灭；随后，消防官兵对现场的余火进行了清理，确定无一火患时，才清理器材装备返回中队。

据悉，此次火灾是由于电器短路造成。

08 电脑常年不关机易惹“火”

随着人们生活水平的提高，电脑已经成为人们的必需品，不仅在生活中，在我们的工作中更离不开它，然而，电脑在给我们带来方便的同时，也为我们埋下了安全隐患。

电脑为何会引发火灾？一般电脑有 10 ~ 40℃的操作温度限制，一旦室内温度过高加上使用电脑时间过长，电脑散热困难导致 CPU 温度超出限制，造成线路短路，发生电脑自燃现象，从而引发火灾。

电脑的安全使用年限为 6 年，超过 6 年的个人电脑都属于超龄，存在不少安全隐患，应该定期进行检查和维修。

在下班或者不需使用电脑的情况下，应关闭电脑，切断电源，以根除火灾隐患；因为只关电脑本身的开关，没有彻底断开电源，这样电器仍处于带电状态，万一遇上电压不稳、打雷闪电瞬间几万伏高压、液体渗进去可能引发短路等情况，导致烧毁电脑或引起火灾。

为让电脑更好地散热，应保持良好的散热通风环境，电脑周围应保持 10 ~ 20 厘米的空间。

电脑着火时，要立即关机或切断总电源，用湿毛毯或湿棉被等厚物将电脑盖住。切记不要向着火的电脑泼水，温度突降会使炽热的显像管爆裂。此外，着火的电脑内部仍有剩余电流，泼水则可能引起触电。

延伸阅读

莫让电脑成为火灾导火索

据中国消防在线报道，2010年8月1日下午，浙江天台县一办公楼莫名起火，起火位置是办公桌上的多台电脑，周围全是一些集团的重要文件，如不及时控制，一旦火势蔓延，后果将不堪设想。14时30分，天台县消防大队接到报警后，立即出动3车15名消防官兵赶赴现场，经过消防官兵20多分钟的紧急扑救，成功熄灭火灾，所幸的是没有造成更大的损失。

14时35分，救援力量抵达现场发现，起火点为办公楼二楼西面的一研发中心，此时正冒着滚滚黑烟，研发中心旁边全是办公区域，是公司的核心基地，此时办公桌上的多台电脑已处于猛烈燃烧阶段，不断发出烈焰及有毒气体。但所幸的是企业员工在发现火势的时候报警及时，并第一时间拿起灭火器进行简单的扑救，火势未得到蔓延。到场的消防官兵仅出动两支水枪，对仍在燃烧的电脑残骸进行浇水，加固阻隔防线，防止火势的进一步蔓延。同时，一名战士头戴空气呼吸器冲进火场搜救，查看有无人员被困，并进一步确认火势是否得到控制，避免火势复燃。经过消防官兵20多分钟的紧急扑救，成功将大火彻底消灭。

目前，火灾原因正在进一步调查中。

在如今的信息化时代，电脑已成为办公必备工具，更是我们生活中必不可少的家用电器。凭借着使用快捷、方便的特点，电脑逐渐取代了原有的电视、收音机等，成为家庭的主导，然而，人们在享受着它的优越性的同时，往往会忽略了它的危险性。

炎炎夏日，电脑使用频率过多，电气线路往往由于短路、过载运行、接触电阻过大等原因产生电火花、电弧或引起电线、电缆过热造成火灾。假若电脑着火，即使关掉机器，切断总电源，机内的元件仍然很热，并发出烈焰及有毒气体，荧光屏及显像管也有随时爆炸的可能性。

09

电吹风使用不当吹出祸患

电吹风是常用的家电，使用时要十分注意，谨防电吹风带来的火灾隐患。

使用前，应检查电吹风导线是否良好、进风口是否畅通，左右摆动几下看看有无部件松动，输入电源是否有电，电源插座以及导线要符合防火安全要求，连接要紧密牢靠；还需注意电吹风的使用年限是4年，使用前判断一下电吹风是否“超期服役”，避免因此产生的危险。

使用时，确保手部是干燥的，先接通电源，再打开开关，这样可避免因瞬间电压过高而影响电机寿命；使用电吹风时人员不能离开，更不能将其随意放置在台凳、沙发、床垫等可燃物上。

使用时应轻拿轻放，不要频繁换挡，更不要敲打、跌碰和禁止拆卸电吹风，以免损坏发热元件以及绝缘装置，造成漏电甚至短路，引起火灾；使用过程中如温度过高、杂音、噪声、转速突然降低、电机不转、风叶脱落、有焦臭味、有异物从风口吹出、电源线冒烟等不正常现象，应立即关掉电源，待查出原因、排除故障后再行使用；还应避免在浴室或湿度大的地方使用电吹风，谨防触电危险。

使用完毕后，将开关关闭，并拔掉电源插头，用干布擦外壳，待电吹风内部余热散尽后，存放于干燥处，不能受潮。存放时间过久，重新使用时，应先通电几分钟，排潮后再使用。

延伸阅读

吹风机余温易引发火灾

据中国消防在线报道，吹完头发后你会把吹风机怎么处理？是直接放进收纳柜还是晾一会儿再放置？也许很多人没有关注过这一细节。而消防官兵要提醒各位，吹风机用完务必要放置一会儿，等其出风口凉了再收起来。

近日，嘉兴海宁马桥街道的夏女士就被吹风机吓了一跳，她吹完头发后像往常一样将吹风机放置在了衣柜的抽屉里，而抽屉里还放着不少生活用品。就在离开了近半小时后，夏女士返回房间拿东西，不料闻到了一股焦臭味，甚至还有烟从抽屉里冒出来，着实把她吓了一跳，她立马打开抽屉扑灭了烟，而此时，吹风机出风口（塑料的）已完全变形，抽屉里的不少物品也被烧坏了。

想起这事，夏女士依然心有余悸：“我们的衣柜、抽屉全是木质的，衣柜里还挂着那么多的衣服，想起来真是后怕，要是发现得晚，整个衣柜甚至房间都会被烧掉了。这吹风机我真不该吹完就放进抽屉的。”

无独有偶，前不久江苏镇江的一位妈妈用吹风机烘干尿布后，把吹风机放在床上离开。不久吹风机引燃盖在女儿身上的毛毯，导致七个月大的女儿悦悦全身18%面积重度烧伤。所幸经救治，悦悦情况稳定。

因此，消防部门提醒广大市民，吹风机功率较大，加热快，往往吹完头发后出风口温度依然很高，若不注意将其放进密闭抽屉或与其他易燃物放在一起，极易引起火灾，危及生命财产安全。因此，吹风机使用完后一定要放置片刻，等其出风口冷却后再收起来。

10 安全使用电熨斗

电熨斗是居家生活中经常使用的电器，在使用中我们要注意安全，下面就介绍一下如何正确使用电熨斗。

（1）使用电熨斗时人不要离开。在熨烫衣物的间歇，要把电熨斗竖立放置或放置在专用的电熨斗架上，切不可直接放在正在熨烫的衣物上，也不要把电熨斗放在可燃的木头等物体上。

（2）使用完毕，要等电熨斗完全冷却后再收存起来。大量使用电熨斗的行业，如服装行业等，应由专人统一管理，下班后应先切断电源，等待完全冷却后再收存在不燃材料制成的专用工具箱内。

（3）使用普通型电熨斗时切勿长时间通电，以防电熨斗过热，烫坏衣物、引起燃烧。不同织物有不同的熨烫温度，而且差别甚大，因而熨烫各类织物时宜选用调温型电熨斗。如调温型电熨斗的恒温器失灵后要及时维修，否则温度无法控制，容易引起火灾。

（4）不要使电熨斗的电源插口受潮，并保证插头与插座接触良好。电熨斗供电线路导线的截面不能太小，不要与其他耗电功率大的家用电器如电饭锅、洗衣机等同时使用一个插座，以防线路过载引起火灾。

延伸阅读

民房失火 罪魁祸首竟是电熨斗

据中国消防在线报道，近日，衡水武邑清凉店一民房突起大火，事后调查，火灾竟然是一只电熨斗引起的。2009 年 11 时 15 分，14 名消防官兵驾驶 2 辆消防水罐车到达事发现场。据带队人员徐晨虎介绍，到达现场时，大火已经穿透了最东面房间的屋顶，燃烧过程中伴有大量的火星四处溅落。

经现场确定，火场内部已经断电且屋内没有被困人员，战士们立即投入到灭火战斗中。2 支水枪分别从南北方向对着火点进行夹攻，确保短时间内切断了火势蔓延路线。经过 45 分钟的努力，明火全部熄灭。为了防止二次燃烧，战士们用铁锹等工具对现场进行了处理。房屋主人王女士悔恨不已，原来她在熨烫完衣服后一时大意，将电熨斗放置在木制的桌子上便出门了，没想到竟然酿成了如此大祸。

11 家电也有使用寿命

根据全国家用电器标准化技术委员会制定的《家用和类似用途电器的安全使用年限和再生利用通则》，日常生活中常用的各类家电使用寿命如下。

（1）家用电器正常使用年限标准

彩色电视机 8～12 年；电吹风 4 年；电热水器 10～12 年；黑白电视机 10～12 年；电熨斗 9 年；微波炉 11 年；录像机 7 年；电暖炉 18 年；电饭煲 10 年；电冰箱 13～16 年；电风扇 16 年；电录音系统 5 年；洗衣机 10～12 年；煤气灶 16 年；电动剃须刀 4 年；吸尘器 11 年；野外烧烤炉 6 年；个人电脑 6 年；电热毯 8 年；电动剃须刀 4 年；电子钟 8 年；燃气热水器 5～6 年。

（2）家用电器出现以下情况时，必须立即淘汰更换

热水器：运行时声音异常、有“隆隆”的杂音，开关失灵，安全装置失效。这是因为，微生物和杂质沉淀在热水器内胆中，影响水质，还有可能导致漏电造成人身伤害。

空调：制冷或制热慢、噪声过大，一开机就喷出尘土，吹出的风中有霉味，甚至流出黑水。这种空调不仅浪费电，吹出的风还含有污垢，对人体有害。

电视机：屏幕色彩暗淡、偏色，图像不清晰、画面抖动。这种电

视机不仅用电量和辐射增大，还有可能发生自燃或爆炸事故。

冰箱：噪声过大、耗电过大、制冷效果差、运转时发生颤抖。此种情况下继续使用，不仅用电量激增，食物保鲜和杀菌功能退化，而且还可能发生制冷剂泄漏、污染环境、危害健康的情况。

洗衣机：噪声过大、洗不干净衣服、经常渗水、漏水，严重时还会漏电。“超龄”工作的洗衣机不仅达不到清洗衣物的效果，还会浪费水电，严重时会漏电伤人，甚至发生爆炸起火的恶性事件。

第三辑

汽车在燃烧

受职业因素影响，我平素开车总要多一分谨慎，一摸方向盘，那些曾经亲眼所见的车祸惨景便会不自觉地在眼前浮现。

一次，驾车去外地出差，同行的是一位有多年行车经验的老同志。

途中，手机响起，我很自然地打开蓝牙耳机接听电话。

当我挂断电话时，老同志和颜悦色地说："提个建议啊，以后驾车时最好不要接打电话，不利于行车安全。"

我不以为然地问："用蓝牙也不行吗？"

老同志说："虽然你的双手没离开方向盘，但心已经不在车上了。一旦遇到紧急路况，很难临机处置。"

见我仍一脸茫然，老同志耐心分析说："根据有关实验表明，正常行驶中，从获得视觉线索，到判断是否有潜在危险，再到决定如何处置，这一感知、分析、决定的过程，一般需要 6 ~ 8 秒，稍一分心，就会错失良机。"

老同志的话，让我回想起不久前经历的一场车祸事故救援。

那是春节前夕，一家三口驾驶私家车回老家过年，一路上欢歌笑语，满载幸福。

行程过半时，父亲收到一条微信语音，就在他低头点开微信的瞬间，一直在正前方行驶的越野车突然变道，一辆箱式货车因故障停放在车道上，与他们车距已经不到 3 米，父亲情急之下，向左侧猛打方向盘，由于车速太快，车辆撞到护栏后，连翻了几个跟头才停下来。父亲当场死亡，坐在车后座的母子也身受重伤，多处骨折。

01

车祸多因“分心”致

汽车是现代文明的产物，它的普及给人们的生产生活带来便捷和舒适，也一直伴随着道路交通事故的血色阴影。在中国，每年约有 10 万条鲜活的生命，消逝在滚滚车轮之下，这相当于每 6 分钟就有 1 人死于车祸，每 1 分钟就有 1 人在车祸中受伤。

面对这些惨不忍睹的车祸现场，我们在探寻车祸起因中都不难发现，绝大部分驾驶员在事故发生之前，都曾出现过走神或被其他事物分散注意力的情况，哪怕只是短暂的几秒钟，也常常造成无法挽回的损失。

驾驶时，危险来自四面八方，变化无常，我们需要时刻保持谨慎，把“心”全部放在车上，不间断地关注车辆周边的交通环境，一旦发现潜在的危险，采取果断措施及时躲避。而绝不能自恃驾驶经验丰富，技术高超，驾车时三心二意，心不在焉，最终只能自食苦果，悔之莫及。

在多年行车途中，当与迎面而来的车辆交会而过的瞬间，我经常看到这样的场景，司机一手握住方向盘，一手接打电话，从他们或兴奋、或恼怒、或悲伤的表情中，我常常担心，此时此刻，他们是否已经全然忘记自己驾驶的机动车，正高速奔驰，忘记了身后的孩子，已进入了甜美的梦乡？

02 灭火器应随车携带

除了交通事故，因汽车火灾引发的悲剧事故，近年来也屡见不鲜。

曾经有一起汽车火灾事故，虽然事隔多年，我至今仍然记忆犹新。

着火的是一辆价值 400 多万元的兰博基尼跑车，当我和中队官兵赶到现场时，整个车身已是一片火海，虽然大火被及时扑灭，但车被烧得面目全非，只剩下框架了。

车主是一名年轻的企业家，他向我描述了火灾经过。

车辆在行驶过程中，车头部位突然冒出黑烟，他连忙将车停靠路边，打开引擎盖，没想到一团火球突然从车内蹿了出来，幸好躲避及时，才没被烧伤。他脱下衣服扑打火苗，但火越烧越大，他这才拨打 119 报了警。

我问怎么没用灭火器呢？

车主一脸无奈地说，车上没有配，也根本没考虑车辆会着火。

一具车载灭火器，价格仅几十元钱，相比昂贵的汽车价格，九牛一毛而已，我相信，任何一位车主，都和眼前这位年轻企业家一样，绝不会因经济拮据而买不起一具灭火器材，大多数人只是觉得汽车着火是极小概率事件，因此才不愿意“多此一举”。

据统计，仅 2014 年，北京市发生各类交通工具火灾 130 余起，尤其在酷热的夏天，是汽车火灾高发期，有时一天会连续发生十几起汽车自燃事故。马路上，汽车在燃烧，车主在叹息。

03 爱车“发火”可防可控

其实，汽车火灾完全可防可控，只要车主了解引发车辆火灾的原因，平时多加注意保养，就能有效预防爱车“发火”。

漏电、短路、漏油是车辆起火的主要原因。一些车辆长期使用，驾驶员不注意车辆养护或疏于自查，造成部件的老化、裂损，很容易产生漏电、漏油的情况；一些车主给车辆添加防盗器、换装音响，出现乱引电线，负荷大的地方不加保险，易摩擦处未有效固定等多种错误改装、维修，容易引发电线短路事故。

夏季将车辆停放在太阳下暴晒，一遇电火花，容易引发自燃事故。露天停放的车辆在夏天太阳烘烤下，俨然成了一个小型“烤箱”。据监测，夏天只需要阳光照射 15 分钟，密闭停放的汽车内温度就会达到 65℃。封闭的空间让车内聚集的热量不能散发出来，在这样的环境中，很多放置车内的物品都存在着极大的安全隐患。

一些车主有在车内抽烟的习惯，并会随手把一次性打火机放在仪表盘上，这是非常危险的。气体打火机盛装液态丁烷气体的塑料容器在 40 毫升以上，当车内温度高达 60℃以上时，劣质的塑料打火机外壳将因不能承受液化丁烷的气体膨胀而产生爆炸。如果爆炸时，打火机碎片与汽车内装饰材料产生火花，有可能在封闭的车内造成自燃，后果不堪设想。

汽车香水在挥发后会产生一种易燃物质，其爆炸临界点为49℃，很容易引起香水爆炸。液化气雾剂，无论放在车内的哪个位置，都是安全隐患。这是因为夏季车内的高温和行驶时的晃动容易造成液化气雾剂的爆炸，一旦罐内液体喷射而出，产生的威力会很大。

尽量不要在车内吸烟。未被彻底熄灭的烟蒂很有可能将地胶、座椅等烧出洞，引发自燃。而且向车外扔烟蒂时，极易使烟蒂沿着气流飞进后排窗内引发危险。

夏季不要加油过满。汽油有一个重要的特征，就是遇热会膨胀。在高温天气下，注满汽油的油箱会溢出汽油，发生漏油现象。如有烟头等明火掉落在漏油位置，非常容易引发火灾事故。

04 车辆着火扑救有妙招

其实，大部分车辆发生燃烧都是有前兆的。驾驶人员要学会提早发现，提早处理。当车辆出现异味、异响时，驾驶员应当立即靠边停车，关闭点火开关，切断油源，检查车辆状况。

汽车燃烧 3 分钟内为火灾的初起阶段，一般火势不会太大，在火势可控的情况下，可以自己用车载灭火器进行灭火。

但在灭火时要特别留意，千万不要贸然打开引擎盖，因为这样会造成空气对流，引发火势瞬间增大。而应手持灭火器，将灭火器软管喷嘴从发动机盖缝隙处对准起火部位喷射灭火。

在汽车刚开始冒烟时，应该一边积极开展自救，一边拨打 119 报警。因为如果燃烧超过 3 分钟，火势进入猛烈燃烧阶段，这时即便消防官兵赶到现场，也无力回天。

05 电动车充电当心惹“火”

电动车以其方便快捷实用的特点受到了市民的热烈欢迎，根据中国自行车行业协会的相关数据显示，截至 2013 年年底，中国电动自行车社会保有量超过 1.8 亿辆，并且仍以每年 3000 万辆的速度在增长。因电动车充电不规范引发的火灾事故时有发生，给人民群众生命财产安全带来了较大影响和损失，在此提醒广大电动车使用者，注意以下事项：

充电时，充电器会产生热量，电池同样也会产生热量，应选择良好的通风环境，通风条件太差，可能会由于过热引发短路、燃烧。

充电时，充电器应置于脚踏板处，严禁用物品覆盖或放置于坐垫上、座桶内。

充电器随车携带时，没有防震保护，长期车载颠簸会造成功率器件脱焊，打火容易引起燃烧。建议充电器最好不要随车携带。

充电器跌落或碰撞后，风扇易坏，充电时，应观察充电器散热风扇是否运转正常，若风扇坏了应及时修理或更换新充电器。

充电时间为 8 ~ 10 小时，不要长时间给电动车充电，特别是夏天天气炎热，长时间充电，充电器热量难以散发，可能导致燃烧。

充电时，随意加长电源线，经常扯来扯去，接头松动，线路老化，电线胶皮破损易短路起火。

充电时，必须关闭电门锁，如开启电门锁充电，电池电压将会升高，会烧坏电门锁，引起短路起火。

充电时应选择合格的阻燃电线，且线路具备漏电保护装置。

不能私自改装、加装整车线路。商家或用户私自改装整车线路，改装的线路电线不阻燃，线路杂乱无章，包扎不紧，接头易松动，接触不良，电线内阻增大，长时间会烤坏电线，造成绝缘不良，引起短路燃烧。

商家或用户私自加装整车线路，如加装较大功率的灯泡、喇叭、低音炮等，加大了转换器输出负载，易烧坏转换器内部元件，造成短路燃烧。

不能用高压水枪冲洗电动车内部，以免造成内部线路短路。

延伸阅读

电动车起火 消防疏散 17 人

据中国消防在线报道，2014 年 7 月 7 日 10 时 40 分，广西百色市平果消防接到指挥调度称：平果县江滨上城小区门前有电动车起火。接到报警后，平果消防中队迅速出动 2 辆水罐消防车、1 辆抢险救援车，火速赶往现场处置。

消防官兵到达现场后，发现起火的电动车在居民楼门前，此时火势处于燃烧阶段，浓烟弥漫整栋楼房。经现场询问了解，二楼到十一楼部分楼层有人员被困，起火的电动车旁还有摩托车和天然气管道，如果不迅速彻底进行灭火，可能会引起一旁的摩托车和天然气管道爆炸，情况万分紧急。中队指挥员果断下达作战命令，先利用灭火器进行快速灭火，确定断电后再出水扑灭余火，经过十分钟的努力，大火彻底被扑灭。展开灭火的同时，中队分三个疏散小组深入楼房内部进行人员疏散，经过半个小时努力，成功疏散楼内所有被困人员。此次火灾消防官兵共搜救 66 户人家，疏散 17 名被困人员，无人员伤亡，火灾发生具体原因正在调查中。

经调查询问初步了解：首先起火的是当时正在充电的一辆电动车，并很快引燃一旁的摩托车发生爆炸燃烧，当时火势很大，冒起大量的浓烟。根据现场观察可以看见几条数十米长电线“从天而降”，这种充电方式存在很大的消防安全隐患。此外，在门口充电，使过道、逃生通道被堵塞，当发生火灾时极易造成群死群伤事件的发生。

在此，消防部门提醒，各小区应按照集中设置车棚、集中停放、集中充电、集中管理的模式，建立电动车规范化管理，营造一个安全的消防环境。

06
雨中涉水与停车避险

驾驶机动车，遇到路面积水是常有的事情。在机动车涉水前，一定要多观察，首先要确认水的深度。当水深为轮胎的 1/3 高度时，可以放心通过，只要操作正确，不会造成不必要的损失。当水深超过轮胎一半高度时，就要小心了，因为这种情况下容易造成车内进水。如果涉水深度超过保险杠，行车时应该高度警惕，避免发动机进水。

不管涉水深度是多少，挂低速挡，缓慢通过；涉水过程中，稳住方向盘和油门，保持车辆有足够而稳定的动力，使排气管中始终有压力气体，防止水倒灌入排气管，造成熄火。尽量一气呵成，避免中途停车、换挡、急转弯或急打方向盘。

涉水完成后，点刹几次，利用摩擦生热使刹车片上残留的水分蒸发，以免刹车不灵敏。在有淤泥的道路上应该多加留意，雨水冲刷堆积的淤泥很容易使车陷在里面；雨后尽量避免走山路，以免山体滑坡、泥石流等；停放车辆时要停在地势较高的空旷地，并远离围墙、车辆、路牌等，防止其被积水冲垮，连累您的爱车，造成不必要的损失。电子手刹会受电控系统和发动机的影响，所以如果需要移动或救援车辆的话，在停车时对挡位和手刹状态的选择一定要考虑好。

车辆进水熄火后，切勿试图启动发动机，应设法将车推到安全地带。停车避险的时候，不要打开车内空调。如果车辆门窗均为电控开闭，且驾驶者力量较弱，还是尽力控制车辆，避免落水为上。如果拖车队无法快速为您拖车，保险公司会允许您呼叫其他道路救援公司，在施救结束后车主记得索要发票，以便日后保险公司为您理赔。

07
车辆落水怎样逃生

试验结果显示，车辆落水后立刻打开车门逃生是最直接、快速的自救方法。其次，则是破窗逃生。

车下沉的速度非常缓慢，所以千万不要慌张。车门钢板被淹没 1/5 时，车里还没有水，非常轻松就可以打开车门。此时是逃生的最佳时机。水淹没车门钢板 1/2 时，脚踝完全浸没在水中，水的压力增大，但车门也能打开。水完全淹没车门钢板时，水的压力和车门被淹没 1/2 时差不多，车门能打开。使出全身力气，车门能被安全推开。

当水浸入车内时，水的阻力会黏滞胳膊摆动，也使车窗受力被分散。试验证明，用金属的鞋跟或剪刀等尖锐物品也是很难敲碎玻璃的，而羊角铁锤则可以敲碎玻璃。具体方法是用羊角铁锤锤头敲车窗的四个角。

延伸阅读

暴雨袭城 汽车被淹 多人被困

据中国消防在线报道，2016年5月6日，襄阳市区出现强降雨，由于路面排水系统不畅，多个路段已出现严重积水，襄城区闸口路段最深处可达1.5米深。13时许，一辆越野车在经过时被困水中，使车内2名乘客陷入险境。接警后，襄城消防中队官兵赶到现场及时将被困人员救出。

5月6日中午，突然之间的强降雨，让襄阳市四处积满了雨水，闸口路积水严重，当时该司机目测该路段积水的深度，误认为可以安全通过，于是驱车前行，不料却在中间深水路段熄了火。司机连忙从车窗伸出头观看，发现车的车轮已被水淹没，雨水开始流进车内，随后司机便拨打119报警寻求帮助。接警后，襄阳公安、消防支队襄城中队官兵立即赶往现场。

13时30分左右，襄城消防中队消防人员携带救援设备到达襄城闸口二路，5名消防人员一字排开向事故车方向走去，到达事故车跟前，司机却说不需要消防官兵们背他下去了，因为路政部门正在赶来，此时官兵们看到一名老人骑着一辆三轮车载着一个小女孩也陷在积水中，现场指挥员立即让官兵前往救援，把小女孩和老人背上岸后，两人都对官兵十分感谢，在经过询问后得知这是祖孙两人，因为小女孩赶着上学，老人才冒险往积水里面冲，不料却在中间深水路段熄了火。此时指挥员发现现在正是上学的时间，路边诸多学生上学受阻，便主动上前帮忙，涉水将孩童和老人一一背过涵洞，送至安全地带。

消防部门提醒，有积水的地方，车辆和行人在不明水情的情况下，切勿贸然涉水。如遇人员和车辆被困等情况请及时拨打电话报警求助。

第四辑

燃气大爆炸

我曾拍摄过这样一张事故现场照片：

一栋三层高的居民小区住宅楼，临近马路的一侧，全部坍塌，现场断壁残垣，一片狼藉。有人被掩埋在废墟中，上百名消防人员正利用生命探测仪等器械进行救援，几条消防搜救犬在瓦砾缝隙中搜寻生命迹象。

惨烈的事故场景给人造成强烈的视觉冲击，许多看过照片的人，一致猜测是地震或火药爆炸引发的楼体坍塌。当最终得知罪魁祸首竟是家中常用的燃气爆炸时，大家都感到不可思议。

燃气爆炸，真有这么大的威力吗？

有人曾做过估算，仅 1 个家用煤气罐（满罐）爆炸的威力，就相当于 3000 颗手雷。一立方商业品质的天然气，总爆炸能量相当于 90 吨 TNT 当量。而 1 千克 TNT 炸药，便可炸毁一栋 2 层的建筑。

燃气是气体燃料的总称，包括天然气、煤制气、液化气等。它能燃烧而放出热量，供城市居民和工业企业使用。当空气中燃气比例达到一定数值时，就很容易引起爆炸。

燃气爆炸事故冲击力强，威力巨大，爆炸破坏性大。燃气爆炸中心的空气突然减少，同时随着冲击波方向相反的强大吸力，“一推一拉”加大破坏程度，使建筑严重破损，人员伤亡惨重。

据不完全统计，2015 年我国共发生燃气爆炸事故 658 起，造成 1000 余人受伤，116 人死亡！

一个寻常周末的早上。

黄女士梳洗完毕，走进厨房，为家人准备早餐。此时，她闻到一股浓烈的臭鸡蛋气味，意识到燃气泄漏了。为减小刺鼻气味，黄女士打开了抽油烟机的排风扇，没想到，就在她按下风扇按钮的一刹那，听见“砰”的一声巨响，顿时，厨房物品横飞，窗户玻璃震裂，黄女士全身则被熊熊大火包围。

正在卧室睡觉的先生和女儿听见声响，慌忙冲进厨房。女儿事后痛哭流涕回忆说：“当时悲惨的一幕，我一辈子都不会忘记，妈妈全身上下都是火，嘶声哀号。”父女俩抱起被子，将其裹在黄女士身上扑灭火苗。

后经医院鉴定，黄女士全身烧伤面积约为 85%，烧伤程度达二级，虽暂无生命危险，但高额的植皮手术费几乎压垮了这个原本幸福的小家庭。

01 毫厘之失招来不测之祸

燃气本是无色、无味的气体，为了使用安全，燃气公司在供给用户使用前，在燃气中加入了赋臭剂——四氢噻吩，当燃气泄漏时，它散发出一种类似臭鸡蛋的气味，易于被人察觉。

一旦燃气泄漏，且在空气中的浓度已达到 5%～15%的爆炸极限时，居民用户接下来的一举一动，将对事态走向起决定性作用，差之毫厘，谬以千里。

开关电灯、点燃燃气灶、接打手机、开排气扇、穿或脱衣物的住户，极有可能迎来一声爆响，陷入万劫不复的灾难之中。

因为燃气爆炸所需的最小点火能极低，其范围在 0.19～0.28mJ 之间，差不多只有一个针头从一米高处落到地面所产生的能量。

上述各种错误行为，都有可能在瞬间产生电火花，从而引爆燃气。

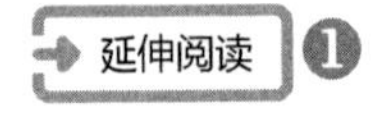

❶

民宅天然气爆炸 一人受伤

据中国消防在线报道，2016 年 4 月 7 日清晨 6 时 57 分许，江苏淮安市淮安区一住宅小区住户家中突发天然气爆炸，事故发生后，当地公安、消防、急救等部门接到报警便迅速赶赴现场实施救援。

当消防队员赶到事故现场时，发现位于 3 楼的住户家发生爆炸，楼下到处都是散落的玻璃碎片，现场站满了围观群众。当进入受灾户家中时，发现受灾户家中一片狼藉，家中的玻璃全部被震碎，部分房门被震飞，屋顶上的天花板被震塌。现场的零星火点已被先期到场的小区保安利用干粉灭火器成功扑灭，有效避免了火势蔓延，消防队员对屋子进行仔细检查，防止屋内还有遗留火种。

据现场保安反映，值班室就在爆炸房屋的楼下，当听到爆炸声后，看见楼上有烟雾冒出，值班室内的 4 名保安火速携带干粉灭火器上楼。待进入房屋后，发现一名 40 岁左右的男子在客厅，脸部受伤，已被吓呆，他告诉营救的保安是天然气爆炸。保安得知后，一边火速将该男子安全转移楼下，一边利用干粉灭火器成功将屋内的明火扑灭，同时拨打电话报警求助。该男子被随后赶到的 120 救护车送往医院救治，据了解，该男子只是皮外伤，并无大碍。

爆炸事故发生后，该单位多户人家的门窗出现了不同程度的损坏，停在楼下的一辆保时捷轿车也被掉落的玻璃划伤。

目前，事故具体原因正在进一步调查之中。

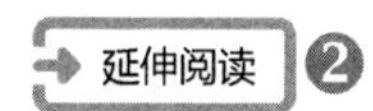

❷

燃气爆炸 女子命悬一线

据中国消防在线报道，2014 年 10 月 29 日 14 时许，哈尔滨市道里区买卖街 167 号某居民楼发生燃气爆炸事故，并引发火灾。爆炸致使该栋居民楼的阳台玻璃全部破损，楼内有多名居民被困。哈尔滨市消防支队 119 指挥中心接警后迅速调集道里区消防中队赶赴现场扑救。

14 时 27 分，道里消防中队救援官兵到达现场。此时，201 居民家的阳台损坏严重，窗户被炸飞，1 名被困人员浑身是血趴在阳台窗口，203 室居民家发现明火，现场聚集了大量围观人员。救援官兵立即疏散围观群众，并设立警戒线。为了第一时间救人灭火，中队攻坚组队员迅速进入 201 室，将受重伤昏迷的被困女子转移到室外。同时，灭火组出水枪控制 203 室内的明火。在将受重伤的女子转移到室外后，救援官兵果断对其进行了前期急救，迅速将女子口中的异物进行清理，打开其呼吸道，等候 120 救护人员。

由于居民 201 室部分墙体发生坍塌，救援官兵在保证安全的前提下，对坍塌部位进行了仔细搜救，确定没有被埋压人员。其余官兵则深入到各居民楼的每家每户，先后将楼内的 14 名群众疏散到安全区域。同时，官兵在现场清理搜救出现金 7075 元以及部分首饰，经过社区工作人员、派出所民警的共同确认，官兵们完整将这些贵重物品移交到户主手中。

在确认完楼内无被困人员后，中队官兵又对爆炸居民楼及其附近 7 个单元，共 100 余户被爆炸震碎的玻璃进行了将近 3 小时的清理。

02
燃气泄漏处置有方

当发现燃气泄漏时，正确的做法应该是：

打开门窗进行通风，降低空气中的燃气浓度。

迅速关闭钢瓶角阀或管道气进户总阀。

及时到户外拨打燃气公司抢修电话或公安消防、燃气部门报警电话。

杜绝一切明火和电器火花，切记不要用开排风扇和抽油烟机来抽排室内的泄漏气体，因为那样会容易出现电打火而引爆火灾。

不要开、闭各种电器设备的开关，比如家里正在看电视，不要马上关掉电视，不要拔开或者插上插头。

不要使用电话，因为电话的话筒在拿起或放下的瞬间电话机内部会产生高压电。

不要穿或者脱衣服，如毛衣或棉衣，特别是尼龙衣服，脱尼龙衣服时会产生极大的静电，很可能引发爆炸。

延伸阅读

使用明火检查燃气泄漏引爆炸

据中国消防在线报道，包头市近些年发生的居民火灾中，多是因家中天然气或液化石油气泄漏，遇火源发生爆燃或爆炸，这类事故的发生其实都有其共性和规律。

7 月中旬，包头市东河区工业路即将开业的佰家粥饭店发生爆炸，事故造成至少 4 人不同程度受伤。现场救援的南圪洞派出所李所长表示，店内厨房都用液化气，并且共用一个管道，可能是管道里液化气泄漏达到一定浓度后，员工使用搅磨机产生了明火，导致爆炸。除了室内燃气爆炸事故外，包头市还接连发生多起室外天然气管道泄漏事故。

7 月底，包头市燃气有限公司在进行天然气管道抢修过程中，发生天然气泄漏事故，导致井下作业的 3 名工作人员死亡、2 人受伤。据包头市燃气公司介绍，他们当时正在昆都仑区莫尼路与阿尔丁北大街交叉口处的天然气阀井内加装盲板。

8 月 10 日，包头市昆区友谊大街与南排道交叉口向北 50 米处的广顺燃气灶具销售中心发生火灾。消防官兵先后从火场内部抢搬出 50 公斤液化气罐 22 个，15 公斤液化气罐 38 个，2.5 公斤液化气罐 14 个，并将其全部转移到安全地带。据悉，此燃气灶具销售中心无经营许可证存放大量液化气罐属违法行为。火灾造成 1 死 1 伤。

包头消防支队特别提醒市民，接触使用液化气时需牢记“八个不要”：一是不要倒灌瓶装液化石油气；二是不要摔、砸、滚动、倒置气瓶；三是不要加热气瓶、倾倒瓶内残液或者拆修瓶阀等附件；四是不要擅自拆除、改装、迁移、安装室内管道燃气设施；五是不要在安装燃气计量表、阀门、燃气蒸发器等设施的房间内堆放易燃易爆物品、居住和办公；六是不要在燃气设施专用房间内使用明火；七是不要使用明火检查燃气泄漏；八是不要将燃气管道作为负重支架或者电器设备的接地导线。

03

燃气爆炸怎么办

一旦发生燃气爆炸，一般都会伴有燃烧起火、建筑物开裂等次生危险，这时候要做的：一是克制惊慌情绪，利用现场简易灭火器器材，控制和扑救火灾，在家中可以浸湿被褥、衣物，捂盖灭火；二是要迅速关闭阀门，同时报警；三是在公共场所，现场工作人员要有序疏散被困人群；四是在火势失控情况下，不要贪恋财物，迅速逃生，避免次生灾害。

04 燃气胶管竟是“罪魁祸首”

曾经有人质疑，既然燃气如此危险，不妨全部用电更加安全。其实虽然燃气爆炸事故频繁发生，但并不能否认燃气是一种洁净环保、经济实惠、安全可靠的优质能源，只要遵守下列安全使用规程，就不会导致燃气泄漏，更不会发生爆炸事故。

家庭使用液化石油气、天然气，与燃气灶具之间应使用耐油橡胶软管连接，长度应控制在 1.2 ~ 2 米之间，超过 2 米时，应采用硬管连接。

燃气胶管的使用年限为 18 个月，一旦发现破损，应及时更换。30%的燃气泄漏事件都是因胶管破裂、脱落而起，导致胶管破裂脱落的原因有：胶管两端未打卡子或卡子松动；胶管超期使用，老化龟裂；使用易腐蚀、老化的劣质胶管；疏于防范使胶管被老鼠咬坏、尖锐物体刮坏等。

燃气用户应使用具有熄火安全保护装置的合格燃气灶具、热水器，不得使用国家明令淘汰或者使用年限已届满的灶具、热水器、连接软管等。

燃气用户不能擅自增添、拆、迁、改、装燃气设施和燃气计量器具。

用户必须遵守用气操作规程，用气完毕后应关闭灶前燃气阀和燃气器具开关，正常用气时若遇突发停气，应随即关闭燃气灶具开关，切忌开着燃气灶具等待燃气。

在燃气表、燃气灶、热水器等燃气设施的周围不要堆放废纸、塑料制品、干柴、汽油、竹篮等容易燃烧的物品和其他杂物，防止点燃燃气后，未熄灭的火柴梗引起火警事故。经常清洗铲除燃气灶表面上的污迹，燃烧器的进气口有可能被各种杂物塞住，可取下来用粗铁丝捅通倒清。

在使用燃气时，人应该不要离开，随时注意燃烧情况，调节火焰。因为汤水沸溢出来，可能会浇灭火焰，或者使用小火时，火焰被风吹熄，燃气继续冒出，造成爆炸、火灾等事故。

装有燃气表、燃气灶和燃气管等燃气设备、设施的房间或厨房绝对不能作为卧室和休息室，因为如果燃气表、燃气灶和燃气管损坏漏气，不易察觉，更有可能引发爆炸、火灾等危险。

在停止使用燃气时或临睡前，应该将燃气灶的开关检查一遍，是否全部关闭，要做到每个燃气阀门都关闭。

寻找漏气时可用肥皂水涂抹燃气表、灶和管道连接处，凡是起泡的地方，就是燃气漏损处。检查是否漏气不能使用明火。

要经常教育儿童不要玩弄燃气灶阀门、胶管及其他燃气设施，以免扭坏阀门或忘记关闭而引起燃气泄漏事故。还要教育儿童不要吊在外露的燃气管上玩耍，以免燃气管接头松动而发生漏气。

延伸阅读

燃气泄漏吓坏房主

据中国消防在线报道，“我们听见楼上一声巨响，接着就闻到浓重的煤气味儿”。2011 年 8 月 16 日上午 7 时许，椒江翠华小区 10 幢楼一居民报警称，可能有邻居家中因煤气泄漏引发爆炸，他们一家都被吓坏了。

椒江消防接警后赶到现场，找到事发居民家中，发现主人家已经吓傻了，呆呆地站在一旁，本身没有受伤，但他家厨房却是一片狼藉，整面玻璃墙被震碎，玻璃碎片撒落一地，有一股浓重的煤气味从厨房飘出。

泄漏的煤气一旦遇到火花，很可能再次发生爆炸。情况危急，消防员立即疏散周围群众，并通知物业部门断电后，将非防爆的对讲机关闭。另外一组消防员进入厨房内实施救援，发现泄漏的煤气罐后立即关阀止漏，并把煤气罐转移至安全区域进行喷淋冷却，整个过程无人受伤。

从台州消防出警救火记录来看，几乎每个月都有主人煮东西后忘记关火而外出，造成烧干锅着火，从灶台烧到煤气管、煤气罐，从而扩大燃烧。近期天气炎热，情况尤其严重，台州各地煤气爆炸事故接连发生。另外，消防人员发现，一些居民很少检查煤气胶管，有些胶管老化到用手一捏就烂的程度。

椒江消防提醒人们，要经常检查厨房的煤气罐（煤气软管）接头是否松软，及时更换老化的胶管，否则很可能出现漏气隐患。

换煤气时不要有明火，要关掉附近电器，如果嗅到有臭味，那可能有漏气，要马上打电话给煤气公司来维修。万一遇到煤气泄漏引发火灾，最正确的做法是：第一步拿灭火器或湿毛巾灭掉明火，然后关闭煤气阀。

此外，也特别提醒一些粗心大意的居民，外出前一定要认真检查厨房是否在煮东西，做到人外出火灭阀门关，以免发生火灾和爆炸事故，引发小火酿大灾，造成不必要的财产损失。

第五辑

儿童伤害知多少

有人说，每个汉字都是一幅最美的图画。这句话其实只讲对了一半，有些汉字所描摹的图景，哀毁骨立，惨不忍睹。

比如汉字“了”，《说文解字》释义：“从子无臂！”意即失去手臂的小孩。后引申为完结或表示异乎寻常，情况严重。无论什么原因，让儿童意外失去了手臂，后果当然很严重。

中国人自古就有居安思危的意识，这从古人造字中也能体现，例如汉字“保”，其字形便取自父母怀抱襁褓中的孩子，“保”字最本源的意义，即指父母精心呵护孩子，以免其受意外伤害。

时光流转，几千年以后的现代人类，爱子之心有过之而无不及，但古人安不忘危的危难意识，却被许多人抛至九霄云外，一旦灾难降临，只能抚膺长叹：这下全完“了”。

一日上午，我正在办公，一位朋友心急火燎地打来电话：“我家着火啦，赶快来救！”

我一头雾水，正待问明情况，那边电话已挂断。

料想情况紧急，我一面打电话报了警，一面飞奔朋友家。刚到家门口，便闻到呛鼻的烟味。我砸碎墙壁消火栓玻璃箱门，接上水带，拧开阀门，抱起水枪，直冲入室内，朋友还在愣神，火已被扑灭了。

询问原因，原来是朋友三岁的儿子独自在卧室玩过家家，不慎将棉被衣物等床上用品引燃。朋友端水盆灭火未成，情急之下，忘了火警号码，直接拨给了我。孩子因为面部被烧伤，被爷爷送去了医院。

从此以后，儿子脸上留下的永久性疤痕，像一根利刺，永远扎在了朋友心上。也让这个温馨和睦的小家庭，蒙上了一层悲伤的阴影。朋友无数次痛心疾首地忏悔说："时至今日我才领悟，平安才是真正幸福的味道，但悔之晚矣!!!"

"孩子太忙了，哪有时间学安全？!"许多家长朋友宁可花钱带孩子去上各种校外培训班，也不愿意花时间带孩子去听一场免费的安全讲座，觉得危险的事情离自己很远，忽略了培养孩子最基本的自我保护能力。

孩子正处于身体发育阶段，我也从不主张给孩子增加额外负担。但无论何时何地，对孩子生命安全的关注和教育，绝不能有丝毫放松麻痹。因为唯有生命之损毁，绝无重来一次的机会。

意外伤害是儿童健康和安全成长的重要威胁，据世界卫生组织和联合国儿童基金会 2008 年联合出版的《世界预防儿童伤害报告》显示：全世界每天有 2000 多个家庭因非故意伤害或"意外事故"而失去孩子，从而使得这些家庭变得支离破碎。

为让公众进一步了解儿童意外伤害的基本特点，北京青少年法律援助与研究中心与北京市丰台区小松培训学校合作，搜集整理了自 2009 年至 2014 年发生在全国范围内经媒体报道的儿童意外伤害案例 754 个，通过对这些案例的统计、分析，编写了《儿童意外伤害研究报告》，值得每一位父母认真学习借鉴。

01 小心孩子被烫伤

好动是孩子的天性，他们手脚不停，到处乱摸，一旦不小心碰到热的、烫的东西就会引起烫伤，所以烫伤是儿童最常见的意外伤害，轻则招来皮肉之苦，重则危及生命。

烫伤的具体情形包括不小心跌入开水锅、汤锅、开水桶、油锅，被洗澡水烫伤，被电暖袋爆炸烫伤，碰倒开水瓶、碰翻电饭锅等。

有孩子的家庭要时刻注意，烧好的滚烫的菜汤放在桌子上时，别让小孩自己用手去拿，谨防菜汤翻下烫伤孩子前胸部、头面部。餐桌不要铺桌布，谨防孩子拉动桌布而发生意外，从微波炉取出食物时，要确保孩子不在周围。

给孩子洗澡时，注意放水的顺序，澡盆里要先放冷水再放热水。如先放热水再取冷水，没了大人看护，孩子自己坐入盆中或打翻了热水盆，容易发生烫伤。

及时制止儿童在盛装开水、热油容器周围疯跑打闹的行为。

电熨斗用完后，应妥善放置，避免孩子用手触碰，造成手部的烫伤。

使用火盆、取暖炉取暖时应该加围栏保护，点火燃具、暖瓶、饮水器应放在孩子接触不到的地方，煤气不用时及时关掉开关。

使用热水袋前应该先检查有无破损，盖子是否能盖紧。婴儿使用的热水袋水温不能太高，热水袋要用布包好隔开再用。

孩子发生烫伤后的紧急处理是十分重要的，如果处理得当可以减轻伤害，处理不当则会加重烫伤的程度，增加孩子的痛苦。

采取“冷散热”的措施，在水龙头下用冷水持续冲洗烫伤部位，或将烫伤部位置于盛冷水的容器中浸泡，持续 30 分钟，以脱离冷源后疼痛感已显著减轻为准。这样可以使烫伤部位迅速、彻底地散热，使皮肤血管收缩，减少渗出与水肿，缓解疼痛，减少水泡形成，防止烫伤部位形成疤痕。

如果穿着衣服烫伤，不要强行脱下小孩的衣服，可以拿剪刀将袖子剪开，避免衣物对烫伤部位的摩擦。

冷却时间不要过长，只要皮肤的温度降低就可以了，不能使孩子的体温降低。进行冷却后，可用干纱布外敷，切勿揉搓，以免弄破皮肤，皮肤上不要搽植物油、芦荟汁、牛奶等，避免引起感染。

如果烫伤面积很小，只有 1～2 个一元硬币大小，没有水泡，也不很疼痛，可以在家中进行观察护理，发红的皮肤上可以擦一些消炎软膏或烫伤膏。切勿擦酱油、牙膏等。

如果烫伤面积较大或起了水泡时，切勿把水泡弄破，可用冰袋降温后进行简单包扎，如用清洁床单或衬衫包住孩子立即送往医院治疗。

如果是化学物品如硫酸引起的烧伤，不能用冷水冲洗，应先用布擦干，然后立即送往医院治疗。

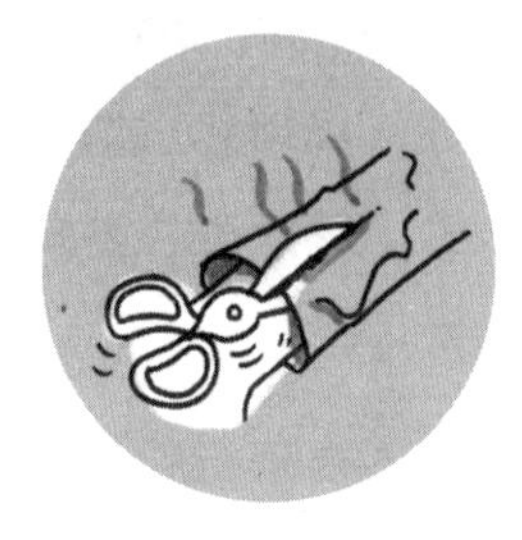

延伸阅读

柴棚起火　三岁男童不幸遇难

据中国消防在线报道，2007 年 6 月 18 日，四川武胜县某村一柴草棚发生火灾，一名三岁多男童不幸在火灾中被烧死。

下午 1 时 56 分，武胜 119 值班室接到报警后，立即调派 1 台水罐消防车、6 名消防官兵赶赴现场。当消防车驶至火场时，大火已经被附近居民扑灭。现场一片狼藉，过火面积不足 6 平方米，玉米秆、稻草铺满一地，一男婴尸体仰躺在玉米秆中，面部、胸部、腿部大面积烧焦，部分肉皮已经脱落，发出阵阵焦臭味，甚是凄惨。为保护好火灾现场，消防官兵立即划出了警戒区，等待火灾调查。

据参与扑火的村民周某介绍：在扑救火灾时，根本没有想到里面还有人，只是看到火越燃越大，大家用面盆、用木桶端水灭火，10 多分钟后被扑灭，在清理火场时才发现着火柴堆里面有一具男孩尸体。

目前，火灾原因正在进一步调查之中。在此消防部门提醒广大群众，一定加强对孩子防火安全教育，看管好自己的孩子，严防类似事故的发生。

02 溺水——儿童安全头号大敌

世界卫生组织发表的《全球溺水报告：预防一个主要杀手》称，全世界每年有 37.2 万人溺水死亡，溺水成为世界上每个地区儿童或青少年的十大死因之一。据保守估算，全世界每小时就有 40 人因溺水而丧失生命。

溺水的水源多种多样，包括儿童在家中的水缸、浴缸和装有水的洗澡盆，也包括游泳馆或小区游泳池。

其他溺水情形包括在河、湖、水库等游泳溺水，在河边、水渠、水库等玩水时意外溺水，儿童因救人溺水等。这些意外情形与大人疏于监管和危险水域缺乏安全防护不无关系。

为了预防儿童溺水，应该做好以下防范事项：

游泳前要进行健康检查，患有严重高血压、心脏病、肾脏病、肺结核和皮肤病的孩子不宜游泳。或大病初愈、体质太弱的孩子也尽量不去游泳。

家长要教育孩子不要私自到江河、湖塘岸边和水井四周玩耍或行走，不单独去水流湍急或水域情况不明处游泳。不要到水库、水塘等游泳禁区去游泳。水库的水深，容易溺水。水塘的水草多，缠了脚就游不动，容易出危险。

游泳前要充分做好准备运动，活动各部位的关节，加速血液循环，以避免在水中脚、腿抽筋。如果不做准备运动就突然跳进水里，过冷的刺激造成皮肤、肌肉的血管大量收缩，血流减少、减慢，不能满足肌肉活动的需要，就会导致抽筋，容易溺水。

室外游泳池是 4 岁以上儿童溺水的高危场所，管道中过滤系统所产生的巨大吸力会把孩子牢牢吸住，造成极大的身体伤害甚至死亡。家长避免此类事件发生的有效做法是：（1）当孩子在水边和水中时，要时刻注意看管。（2）不要让孩子直接跳（潜）入水中，除非他已学会游泳，但仍需在成人的监护下进行。（3）在水中不要吃东西，防止被呛。（4）当孩子在船上，或参加水上运动时，应让其穿上高质量的救生衣。（5）远离泳池排水口，下水后不能互相打闹，以免呛水和溺水。不要在急流和漩涡处游泳，更不要酒后游泳。在游泳中如果突然觉得身体不舒服，如眩晕、恶心、心慌、气短等，要立即上岸休息或呼救。

在游泳过程中，若小腿或脚部抽筋，千万不要惊慌，可用力蹬腿或做跳跃动作，或用力按摩、拉扯抽筋部位，同时呼叫同伴救助。

当发现有人落水时，救助者不要贸然去救人，因为一旦被落水者抓住将会十分危险。在水中与落水者纠缠不但会消耗救助者的大量体力，有时甚至会导致救助者体力耗尽最终丧命。可以给他抛掷救生圈，或在岸用绳子一端系上木板掷给他，然后牵拉绳子协助他上岸；如果没有救生圈、工具，游泳技术熟练的人员可以下水营救，可游到他的背后，然后用仰泳或侧泳将他带到岸边。

对室内外危险水源采取安全隔离措施，如岸边设置护栏，水井粪窖加盖，危险水域设置醒目的标牌，游泳场所要有充足的救生设备等。

延伸阅读 ❶

十五岁男孩不幸溺水身亡

据中国消防在线报道，2014 年 7 月 3 日 16 时 45 分，巴彦淖尔市临河区消防大队特勤消防中队接到 119 指挥中心电话，位于临河区新华镇永利三社有一男孩溺水，请求救援。特勤消防中队迅速出动 1 辆抢险救援车 6 名指战员赶赴现场。

消防指挥员向在场的公安民警和知情人了解情况，初步得知：落水的是一名 15 岁的中学生，暑假来到爷爷家玩耍。由于天气较为炎热，他同村子里的两名年纪相仿的男孩一同来到这个鱼塘戏水，但是由于他们都没有经过专业的游泳学习。所以，一下水后他就沉到了水中，两名同行男孩，一个试图去打捞他，另一个则去一千米以外的村落寻找村民救援。而这个鱼塘常年无人照看，水深约 2 米，鱼塘中间则会更深。

由于，该村落地处偏僻，路途遥远且经过早晨的大雨后导致道路泥泞难行。特勤消防中队在 18 时 30 分，终于赶到现场。而此时距离男孩溺水已经过去三个小时了，溺水男孩具体位置尚不明确。现场指挥员立即下达救援命令：联合附近村民利用抽水泵展开吸水，同时命令一名消防战士着救生衣并在安全绳的保护下协同当地两名熟习水性的村民进入鱼塘开始打捞。经过消防官兵与现场群众努力近 2 小时的努力，20 时 25 分，一名村民在池塘的中央位置发现了男孩尸体，后被打捞上岸并移交给当地派出所民警。

消防部门再次提醒广大家长朋友们，炎热的夏季来临，请不要让孩子到没有任何安全措施保护的野外水池中玩耍戏水；请到正规的游泳馆消暑、戏水，避免因为不熟悉地形和水性酿成无法挽回的后果。

延伸阅读 2

三名中学生野泳 一人溺水

据中国消防在线报道，炎炎夏日，不少人都会选择游泳这个避暑的方法。外出游泳时，千万要注意安全。近日，巴马县某中学 3 名学生到赖满村那建屯附近河段游泳时，其中一人发生溺水事故后身亡。

6 月 23 日中午 13 时许，由于天气炎热，学生何某、姚某和杨某 3 人相约一起去河边游泳。到达河边后，何某首先脱了衣服下水，其余 2 人还在为下水做准备。没想到的是，看着平静的河面，实际水流十分湍急，何某瞬间被河水冲走，随后卡进了坝堤出水口的木架下，无法出来。由于地形十分险峻，姚某和杨某无法对何某展开营救，被大声呼救吸引过来的人们试图展开救援并拨打了 119 报警电话。

消防官兵到达现场后，立即对何某展开了救援。不幸的是，被救上来的何某经医护人员确诊已失去生命体征。

入夏以来，时有溺水事件发生，多数为少年儿童，死亡率高。消防部门在此提醒广大市民：学生暑假即将来临，孩子们自由活动时间增多，请家长们合理安排孩子们的暑假活动，有效监管孩子们暑假外出。要时刻教育和提醒孩子注意安全。如果要游泳，请选择正规的游泳馆或者有安全保障的游泳区，不要到江河、湖泊或是陌生的水渠、池塘里游泳。

03
交通事故成儿童“噩梦”

公安部交管局统计显示，我国每年因交通事故造成中小学生及学前儿童伤亡人数超过万人，其中 2011 年全国共发生涉及中小学生及学前儿童的道路交通事故 12320 起，造成 2670 人死亡、11417 人受伤。从交通方式看，儿童在步行时发生交通事故导致死亡的人数占儿童交通事故死亡总数的 45%。发生道路交通伤害的具体情形非常多，主要包括以下几种。

（1）离机动车道太近。儿童在马路上或马路边玩耍时被撞，在马路上行走时跌入行车道或等车时跌下站台被撞，在车辆拐弯时被撞，还有一些是在马路上行走时意外被撞，这些都是因离机动车道太近而引起的。

（2）过马路被撞。这种情形主要发生在低龄儿童身上，具体发生原因包括司机闯红灯的，马路上没有红绿灯或斑马线的，孩子没看车就跑过马路的，等等。

（3）倒车遭碾压。主要是儿童站在车后，司机因为视觉盲区而没有发现，其中有的是父母、奶奶倒车时不慎碾压儿童，父母等亲人占到了所有碾压者的一半，令人唏嘘。

（4）儿童驾车发生事故。有的儿童乘骑电动车、摩托车发生事故。

儿童驾驶机动车发生事故，部分是家长允许，部分是车钥匙在车内，儿童偷偷开车或者是儿童不小心启动了车辆，直接受害者多为从车前经过的无辜的路人。

（5）钻入车底或站在车前遭碾压。有的儿童钻入车底捡玩具或玩耍时被突然启动的车辆碾压，有的在车前捡玩具或逗留时被突然启动的车撞倒。

（6）校车安全事故，事故原因主要集中在校车超载引发的交通事故及因老师疏忽滞留孩子在车上未及时发现引发的安全事故。

（7）其他。包括乘坐车辆时发生交通事故、被酒驾司机撞到、在铁路上玩耍被撞、下车时或在巷口被突然经过的车辆撞到、家长酒驾发生事故等。

交通事故瞬间夺去了一个个幼小的生命，给无数个幸福的家庭带来了无尽的痛苦、悲伤，甚至是绝望。而很多事故都是因为孩子的无知和家长的疏忽造成的，这的确值得学校和每一位家长深思。

不要让儿童独自过马路或在马路上玩耍。由于儿童身材矮小不易被司机发现，当他们独自在马路上（边）玩耍或独自过马路时极易被车辆碾压。

闯红灯横穿马路时即使非常小心，也会受视线、天气等因素影响。司机行驶时，已经形成行人应该在护栏开口处或人行横道线处出现的思维定势，并因此放松警惕。家长不要带着孩子走禁行路段，比如停车场通道、城市快速干道、高速公路，甚至包括城市机动车道等。过马路时一定要走斑马线，最好牵着孩子的手。

不要将儿童单独留在车内。机动车内对儿童来说并不安全，除了车子可能发生自燃外，密闭的空间内气温容易飙升，极易导致孩子出现缺氧、脱水昏迷，甚至窒息死亡。

使用儿童安全座椅可以有效保护儿童头部、四肢与车内装置发生碰撞，防止儿童被抛出车外，减少意外的发生。在交通事故中，儿童最易受伤的部位依次是头部、下肢和上肢。如果发生交通事故，由于惯性，儿童的头部最易受到冲击，易发生死亡。因为儿童的头颅比较脆弱，同时头部重量占整个身体的比重较大，9 个月大的婴儿，头部的重量占身体的 25%；而成年男性的头部重量只占身体的 6%。

骑车不戴头盔是儿童意外伤亡的最大诱因之一。而在我国，安全头盔的普及率更低，无论是大人还是孩子都没有骑车戴头盔的习惯。如果每个骑车的孩子都佩戴安全头盔，那么儿童的交通伤亡率一定会有所降低。

学校和家长应教育孩子，提高道路交通安全意识：

要遵守交通规则。红灯停，绿灯行，这在交通拥堵的十字路口尤为重要。要注意路口以及拐弯处的危险；不要在街头巷口玩耍追逐；步行外出时要注意行走在人行道内，在没有人行道的地方要靠路边行走；横过马路时必须走过街天桥或地下通道，没有天桥和地下通道的地方应走人行横道，在没画人行横道的地方横过马路时则要注意来往车辆，不要斜穿、猛跑……

不要在马路边或马路上玩耍，因为极易发生被车辆撞伤或死亡的悲剧；在街上行走或等车时应当在人行道靠里位置行走或等待。

要集中注意力。应顾盼左右是否有相向急驶的高速车辆，判断能否在你穿过马路的时间范围内恰好驶近。绝不要被周围鳞次栉比的高楼大厦和人工巧造的美丽景致吸引，更不能过马路时玩手机，或做其他与穿过马路无关的事。特别是在假期，到室外游玩的机会增加，儿童的注意力比较分散，奔跑、跳跃时无暇顾及周围的环境，发生意外的概率就相应增加。

要看清路面是否平坦。有凹陷或凸出的障碍物应绕开的避免摔倒，瓜皮果屑也应绕开以免滑到。若在晚间，一旦摔跤应立即离开马路，最好不要长时间逗留。

延伸阅读

儿童被卡车内命悬一线

据中国消防在线报道，2008 年 2 月 21 日 13 时 30 分，吉林松原乾安消防大队接到交警的救援电话：乾安县安字镇东下村路段发生一起两车相撞恶性交通事故，事故造成货车严重损毁，一人被困，急需救助。接到报警后，中队专勤班 6 名官兵 1 辆抢险救援车火速赶赴现场。

13 时 45 分，消防官兵到达现场，一辆白色平头货车与石油公司载油车相撞。相撞车辆严重受毁，白色货车司机受轻伤已被救出，副驾驶室扭曲变形，四周到处散落着车祸发生时撞击的碎片，被困儿童整个身体被变形的驾驶室死死地卡住无法救出。货车上飞出的货物、碎玻璃、碎零件到处都是，情况万分危急！

悲惨的场面，顿时充满了令人窒息的空气，中队指挥员经过现场勘察后，制定出救援方案。救援工作迅速展开。官兵们利用液压扩张器从外部将受损的车门掀开。利用液压钳对部分车框进行切割；同时用战斗服保护被困儿童；内部将司机座位后侧进行拆卸，争取活动空间。救援行动进行中，时间一分一分地过去，液压器的动力马达不时地发出沉闷的吼声。这时周围民众露出了喜悦的表情，车体扭曲部位一点点地被撑起，车体框架、儿童的上身、腿、整个人都显露出来。上空中令人窒息的空气顿时得到了缓解。最后，现场指挥员根据现场情况下达命令，用扩张器受损部位最后的受力部件顶开驾驶室！消防官兵根据命令迅速利用扩张器将扭曲驾驶室顶起，经过近20分钟的营救，消防官兵合力终将被困伤员救出，并迅速抬上现场待命的“120”急救车送往医院。

据悉，发生车祸的货车是从安字镇开往东下村方向的满载货车。当货车行驶经东下村弯道路段汇车时与迎面驶过的油田载油车相撞，导致此次惨剧的发生。

目前，事故责任正在进一步调查之中。

04
小孩玩火危害大

小孩好奇心重，对火更是充满了好奇。喜欢玩火的小孩，年龄一般都在 5 ~ 12 岁，其中以男孩居多。由于不了解火的危险性，每年因玩火引发的火灾，无论在城市和农村都时有发生，而农村尤为突出。这类火灾约占全部火灾的 7%。小孩玩火不但使国家、集体和个人财产蒙受损失，而且，有时也会危及他们的生命安全。

小孩玩火引发火灾有两个特点。

一是玩火时段性强。小孩玩火引起的火灾，绝大多数发生在四个时间段：

（1）寒假、暑假期间。在此期间，学校放假后，假期较长，小孩基本上无事可干，空闲时间较多，小孩在玩耍时就有可能产生玩火的念头。

（2）春节、元宵节期间。人们按照传统风俗习惯，都要燃放烟花、爆竹，烘托节日的喜庆气氛，而小孩恰恰喜欢燃放焰火、爆竹，可又缺乏安全知识，致使燃放焰火、爆竹引燃可燃物，造成火灾。

（3）寒冬季节。这个季节气候寒冷，特别是在北方农村绝大多数用炉灶或火盆取暖，小孩玩火的方便条件多，有的小孩学大人烧可燃物取暖；还有的出于好奇放野火，烧枯草玩。

（4）麦收、秋收季节。这个季节，在农村场院内农作物秸秆、柴草多，而家长又忙于农活，往往忽视对小孩的管理。

二是小孩玩火的方式多样。主要有：

（1）学大人做饭，玩“过家家”游戏。

（2）在床下或其他黑暗角落划火柴照明寻找皮球、玻璃球、弹子等玩具。

（3）模仿大人燃火吸烟。

（4）在炉火盆旁烤玉米。

（5）在柴草堆边、纸堆旁点火玩。

（6）冬季放野火烧路边枯草。

（7）在可燃物附近燃放烟花、爆竹。

（8）玩弄火柴、打火机。

（9）开煤气、液化气开关点火玩。

（10）跑进仓库或工地点火照明捉蟋蟀。

（11）模仿大人烧香拜佛祭祖等引起火灾。

少年儿童玩火一般手中握有火种，或是打火机，或是火柴，因此家长应当加强对小孩管理教育，使他们认识到玩火的危险性，做到不玩火。

平时要把火柴、打火机等引火物放在小孩看不见、拿不到的安全可靠的地方；不要让小孩模仿大人吸烟玩火；更不要让小孩在柴堆旁或野外玩火；家长外出时要把煤气、液化气开关关闭；要制止小孩在室内、可燃建筑、柴草堆等易引起火灾的场所燃放烟花、爆竹。

家长外出时要将小孩托人看管，不让小孩单独留在家中，更不要把孩子锁在家中。

延伸阅读

小孩玩火烧毁房屋

据中国消防在线报道，2015年8月27日下午1点左右，江苏扬州高邮市龙虬镇，一名6岁大的男孩独自在家玩打火机，不料引发大火，浓烟滚滚，而楼上堆了数十箱烟花爆竹，万分危急。所幸男孩及时跑了出去去找大人。当地公安、消防部门接警，迅速赶往现场扑救，这才避免了一场大祸。目前，具体起火原因正在调查中。

现场可以看到，起火的民房是一幢小楼，滚滚浓烟不断从窗口冒出。底层一间卧室失火，一片火海，火焰狂喷，火势蔓延迅速。户主焦急万分，称楼上堆放了许多烟花爆竹。

消防队员到场，迅速铺好水管，对火点进行打击，并对相邻的房间进行保护。外围拉起了警戒带，防止无关人员靠近，发生意外。很快，火势被控制住。

据户主介绍，当时6岁大的小孙子独自在家午睡，可能是孙子拿打火机烧东西玩，引燃了房间物品。看到失火，孙子吓得跑到附近小店里，找到了他。家里火越烧越大，楼上还堆放数十箱烟花，如果过火，后果不堪设想。

随后，明火被全部扑灭。卧室内一片狼藉，家电、床柜、衣物全被烧毁，好在控制及时，楼上烟花鞭炮没有过火。目前，具体起火原因有待进一步调查。

小孩子生性好奇、顽皮，脱离家长视线，容易惹出祸端。暑期还未结束，广大家长不能掉以轻心，千万要注意对孩子的安全教育，加强看护，更得藏好打火机之类的危险物品，别放到他们够得着的地方，防止意外发生。

05
远离"咬人"的危险品

对儿童来讲，危险品伤害是指所有可能对儿童造成伤害的物品，不仅包括易燃、易爆、易腐蚀、有毒物品，也包括硬币、扣子、别针、皮筋等日常生活用品。根据统计，受到危险品伤害的情形主要包括：

（1）扶梯、电梯伤害。儿童在乘坐超市、商场、地铁里的自动扶梯时受到伤害，伤害的情形包括头、手探出扶梯扶手被扶梯夹角夹伤、手脚被卷进扶梯缝隙、衣服卡进扶梯缝隙被勒死等。

（2）旋转门卡手。儿童在商场、饭店、超市、影剧院等公共场所娱乐时，因在旋转门内嬉戏玩耍，手指被卡进门缝。

（3）戒指卡手。儿童因模仿大人行为，将戒指套入手指而不能拔出。

（4）锋利物戳伤。儿童相互打闹时被尖利器具刺伤眼睛，或跌倒时被筷子、镰刀、铅笔、剪刀或铁钳等插入口腔、眼睛等部位。

（5）误吞危险物品。误吞别针、硬币、纽扣、樟脑丸、笔帽、铁钉等，或者误将牙签、气球、哨子、绣花针等吸入气管。

（6）受到腐蚀性物质和有毒物质伤害。意外被硫酸、双氧水灼伤，或者误饮硫酸、强碱剂受到伤害，因误服毒药、汽油等有毒物质中毒。

（7）洗衣机伤害。因为栽入正在运行的洗衣机中，或者将手伸进洗衣机内被绞伤或绞死。

（8）手指伸进机器。因为手指伸进榨汁机、绞肉机、喷绘机导致手指受伤。

（9）钻进柜子、箱子窒息。儿童因为捉迷藏或好玩钻进空柜子或箱子，因柜门、箱盖的锁扣自动扣上而致儿童窒息死亡。

（10）设施倒塌。儿童因为路边枯死的树木、路边伐倒的树木、废弃的砖墙、锈蚀的小区健身器材等物突然倒下被砸伤或砸死。

（11）其他。包括儿童将塑料袋套在头上窒息、玩耍时竹条插入眼睛，被汽车天窗卡住脖子，被家中私藏的手榴弹、枪支伤到，氢气球发生爆炸被炸伤，被注射器扎伤，玩餐厅滑梯摔伤，钻进建筑物墙缝被卡住等。

延伸阅读❶

小女孩玩锁手指被卡

据中国消防在线报道，2009年2月8日晚，市区一名5岁左右的小女孩在家玩耍时不慎将手指头卡在一损坏的球形锁内。消防官兵经过近1小时的救援，最后拆开旧锁将小女孩的手指完好取出。

2月8日晚7时50分左右，消防队接到市民报警称自己的小女儿在家里玩耍一把没有锁芯的球形锁时，不慎将手插入锁孔内，家人尝试了很多种方法，都不能将女孩手指取出。接到报警后，消防一中队官兵迅速赶到现场展开救援。

当救援人员赶到现场时，发现小女孩的右手食指被卡在锁孔内，由于被卡时间过长，手指的关节处已经肿胀得非常厉害。由于情况特殊，消防队员所带的器材无法进行破拆。在经过现场认真分析后，消防队员决定先用剪刀、钳子把锁体进行破拆，化整为零，然后再用锯条在卡住手指的钢环上一点一点锉出一条缺口，最后用两把钳子向两边同时拉拽。经过近 1 小时的努力终于将小女孩的手指完好取出。

据在场的医护人员讲，幸好消防队员救援及时，小女孩只是受了些皮外伤，并无大碍。

延伸阅读 ❷

钢戒指卡住小孩手指

据中国消防在线报道，2014 年 6 月 1 日下午 15 时许，一对夫妇带着一个小男孩来到五家渠消防中队求助，称男孩手指被戒指卡住，请求消防官兵帮忙取下手上的戒指。经查看发现，戒指为精钢材质，且质地坚硬，由于手指被卡时间较长，手指已经肿胀淤血。

根据实际情况，消防官兵首先将戒指撑起一点点空隙，在戒指与手指缝隙间插入一片薄薄的纸片，防止在操作过程中造成二次伤害，然后利用钳子将戒指夹住，防止戒指在剪切过程中滑动，另一名战斗员用断电剪将戒指一点点剪切。经过官兵数分钟的努力，套在孩子手上的钢质戒指被成功拿了下来。

06
谨防跌落受伤害

近年来，儿童跌倒踩踏、坠楼事件时有报道，各种类型的意外跌倒导致儿童伤亡的悲剧也不时在上演。儿童活泼好动，喜欢蹿上蹿下，但由于婴幼儿和学龄前儿童缺乏行为控制能力，认知发育不完善，导致儿童容易跌倒，常常发生跌倒伤害。对于 13 岁以下的学龄儿童，有限的经验也限制了他们对危险的预见和应对能力，因此也容易发生跌倒意外。

（1）踩踏。主要集中在楼道、台阶、校门等学生人流集中处，尤其容易发生在学生上、下课时，兴奋尽情玩耍时。校园内的栏杆、围墙、水泥地面等都可能成为“杀手”。

（2）意外坠楼。意外坠楼主要是儿童在家中攀爬窗户、阳台而不小心坠楼，这是危险行为伤害的主要形式，意外坠楼的 89.0%为 8 岁以下儿童，这其中又尤以 3~5 岁儿童最多，占意外坠楼伤害的 58.9%。

（3）掉进地下井道。儿童掉进地下井道受到伤害，包括掉进没有井盖、井盖锈蚀或井盖没有盖好的机井、水井、窨井、沙井、污水井、化粪池等。

为有效预防踩踏事故发生，学校要教育孩子：

不在楼梯或狭窄通道嬉戏打闹，人多的时候不拥挤、不起哄、不制造紧张或恐慌气氛。

尽量避免到拥挤的人群中，不得已时，尽量走在人流的边缘。

发觉拥挤的人群向自己的方向走来时，应立即避到一旁，不要慌乱，不要奔跑，避免摔倒。

顺着人流走，切不可逆着人流前进，否则，很容易被人流推倒。

假如陷入拥挤的人流，一定要先站稳，身体不要倾斜失去重心，即使鞋子被踩掉，也不要弯腰捡鞋子或系鞋带。有可能的话，可先尽快抓住坚固可靠的东西慢慢走动或停住，待人群过去后再迅速离开现场。

若自己不幸被人群拥倒后，要设法靠近墙角，身体蜷成球状，双手在颈后紧扣以保护身体最脆弱的部位。

在人群中走动，遇到台阶或楼梯时，尽量抓住扶手，防止摔倒。

在拥挤的人群中，要时刻保持警惕，当发现有人情绪不对，或人群开始骚动时，要做好准备保护自己和他人。

在人群骚动时，脚下要注意些，千万不能被绊倒，避免自己成为拥挤踩踏事件的诱发因素。

当发现自己前面有人突然摔倒了，要马上停下脚步，同时大声呼救，告知后面的人不要向前靠近，及时分流拥挤人流，组织有序疏散。

家中有 3 岁以下儿童的，要注意消除家庭内安全隐患。将家里的窗户安上有开关但儿童打不开的护栏；确保地毯没有起褶，地板上没有电线、网线等；保证孩子不在湿地板上行走；浴缸或淋浴间内装上扶手和铺上防滑垫，避免孩子滑倒；瓷器或玻璃器皿放在带锁的壁橱里，或孩子够不到的高处；包裹家具锐利的边角，以防儿童碰伤等。

家长应切记，不能抱孩子玩“抛高高”游戏，以免接不住跌伤或被房顶灯具、电风扇等物品划伤。

5 ~ 9 岁的儿童好奇心强、爱冒险，家长最好不要让孩子走出自己的视线，应时刻提醒他们注意安全。特别是玩自行车、滑板、秋千和蹦床时。

孩子如果头部受伤，导致意识不清，就要立即叫救护车。同时，要将孩子侧卧，手放在头下。这种恢复姿势有助于减少舌头向咽喉部的滑落，预防舌头影响呼吸，危及生命。

如果怀疑跌倒后出现骨折，就不能随意移动。值得一提的是，尽管孩子跌倒后有时会很快恢复，但有时头部损伤的反应表现得较晚。因此，应密切关注孩子的反应。如果他/她说某一局部部位疼痛，或有困倦表现，就应赶快就医。

延伸阅读 ❶

深夜孩童悬挂阳台险坠楼

据中国消防在线报道，2016 年 6 月 29 日凌晨，位于广西河池市大化县新化路工程局大榕树旁的一居民楼内发生了惊人的一幕：在 4 楼阳台外侧竟然悬挂着一名小孩。楼下居民纷纷拿起手机报警，并且高声呼喊让孩子坚持住千万不能松手。接警后，河池市大化县消防官兵迅速赶赴现场救援，大约十分钟后，小孩脱离了危险与家人团聚。

消防官兵到达现场时，通过侦查发现：夜幕中，该居民楼 4 楼处，有一名大约 4 岁的小男孩，他的整个身体悬挂在阳台外侧，所幸小男孩的双手还紧紧地抓着阳台墙壁。通过询问知情人得知，小男孩已经悬挂有大约二十分钟的时间了，体力可能已经透支，小男孩随时都有坠楼的危险，情况十分危急。现场指挥员立即下令，战斗员做好个人安全防护，拿上绳索和软梯，立刻实施救援。在现场公安人员的带领下，消防官兵迅速地登上楼房 5 楼阳台架设救生软梯，一名战斗员利用绳索对施救者进行安全防护，另一名战斗员对救生软梯进行固定和防摩擦保护。准备完毕后，战斗班长杜帅用最快的速度通过软梯下楼救人，成功将悬挂在阳台外侧的小男孩救至阳台内侧平台。此刻，现场围观群众中响起雷鸣般的掌声。整个施救过程仅仅只用了两分钟。

因小男孩被困的房间门锁损坏，小男孩与施救消防员还无法走出房间，房间外的男孩家属，已经迫不及待要看见自己的孩子，在门外自责地哭泣。3 分钟后，消防官兵利用液压剪扩器，成功将房门破拆打开。当战斗班长杜帅牵着小男孩的手站在门口时，男孩家属冲过去紧紧地抱住小男孩，抚摸着小男孩的头部。看着这温馨的一幕，消防官兵欣慰地离开了现场。

事后，通过询问了解，这名小男孩四岁大，他爬阳台的原因竟然是：由于打不开房门，又想要找妈妈，于是爬上了窗台，想从窗外出去。事发时，其家属都不在家，其家长去医院探望病人，将小孩一个人留在家中，才导致事件的发生。所幸，有惊无险。

消防部门友情提示：正值暑假到来之际，各个幼儿园也即将放假，请各位家长看护好家中的孩童，任何时候都不要将孩童独自留在家中，尤其是夜晚，孩童们都不具备自制力，无法判断自身行为的对错，也无法认知什么是危险。只有加强对孩的童看护，才能杜绝此类事件的发生。

女生从 5 楼坠落身受重伤

据中国消防在线报道，2016 年 4 月 24 日 5 时 55 分，内蒙古通辽市科左后旗消防中队接到报警称：位于甘旗卡的某学校女生宿舍内有一学生从 5 楼坠落至 2 楼阳台，身受重伤躺在阳台内，现场民警和医护人员无法实施有效救助，急需救援。科左后旗消防中队立即出动 1 辆泡沫水罐消防车、1 辆登高平台消防车和 10 名消防官兵火速赶赴现场。

消防官兵到达现场，通过询问知情人和现场侦查，发现 1 名女生躺在 2 楼阳台内，腿部骨折，全身无法动弹，如果不及时救援，后果不堪设想。在基本了解现场情况后，中队指挥员立即下达命令，命救援人员同现场医护人员一起将女生用被子、床单等固定在担架上，随后将 2 楼阳台玻璃打碎，将女生慢慢转移至楼内，并立即抬上救护车送往医院做进一步治疗。

目前，事故具体原因还有待于相关部门做进一步调查。

07 燃放烟花要小心

每逢喜庆节日，因儿童燃放烟花爆竹引发的悲剧事故时有发生。烟花爆竹产品以其声、色、光、形、雾等多姿多彩、动态效果，深受广大儿童喜爱，是逢年过节的重要娱乐消费品。但是烟花爆竹又是一种易燃易爆物品，因产品存在某种缺陷或操作不当，也极易引发火灾和人员伤残事故。

（1）家中购买烟花爆竹时，应到有销售许可证的专营公司或专卖点，选购 C、D 级产品，不要选购礼花弹、二踢脚等禁止个人燃放的 A、B 级产品，禁止购买非法、伪劣、超标的烟花爆竹。

（2）建议家庭尽可能不要储存烟花爆竹，春节期间短时间储存也不要超过 1 箱，并注意一是不许靠近火源；二是不要放在潮湿的地方；三是不能被雨淋。

（3）年龄在 14 周岁以下的儿童，不要单独燃放烟花爆竹，如果燃放也要保证周围有大人的监护，儿童观看烟花燃放时，最好戴上护目镜，做好防范措施。

（4）正确选择烟花爆竹的燃放地点，严禁在繁华街道、剧院等公共场所和山林、有电的设施下以及靠近易燃易炸物品的地方进行燃放。燃放烟花爆竹要遵守当地政府有关的安全规定。

（5）吐珠类烟花的燃放最好能用物体或器械固定在地面上进行，若确需手持燃放时，只能用手指掐住筒体尾端，底部不要朝掌心，点火后，将手臂伸直，烟花火口朝上，尾部朝地，对空发射。禁止在楼群和阳台上燃放。

（6）燃放旋转升空及地面旋转烟花，必须注意周围环境，放置平整地面，点燃引线后，离开观赏，燃放手持或线吊类旋转烟花时，手提线头或用小竹竿吊住棉线，点燃后向前伸，身体勿近烟花。燃放钉挂旋转类烟花时，一定要将烟花钉牢在墙壁或木板上，用手转动烟花，能旋转得好的，才能点燃引线离开观赏。

（7）万一出现异常情况，如熄火现象，千万不要再点火，更不许伸头、用眼睛靠近观看，也不要马上靠拢产品，停止燃放其他产品，等明确原因后，再行处理，一般为 15 分钟后再去处理。

（8）一旦被焰火烧伤，应立即脱掉着火的衣服，用自来水冲洗。如果是头部烧伤，可取冰箱中冷冻室内的冰块，用打湿的毛巾包住作冷敷。不宜涂抹酱油或油膏之类，易引起细菌感染。如手足部被鞭炮等炸伤流血，则应迅速卡住出血部位的上方，有云南白药粉或三七粉可以撒上止血。如果出血不止量又大，则应用橡皮带或粗布扎住止血部位的上方，抬高患肢，急送医院清创处理。但捆扎带每 15 分钟要松解一次，以免患部缺血坏死。

（9）眼睛万一不慎被炸伤，尽量不要用水冲洗，也不能用手揉眼睛，更不能用力捂眼或者强行翻开眼皮查看，以免造成进一步的伤害。正确的做法是用干净的纱布、手绢或软性物体轻轻盖住眼睛，切勿用力按压，立即送到医院，由专业的眼科医生给予处理。

延伸阅读

工厂里玩烟花 一男童不幸遇难

据中国消防在线报道，2010年2月20日16时20分，位于广东省东莞市虎门镇九门寨社区旧寨段的一厂房发生火灾。消防部门接到报警后，立即出动4辆消防车、26名官兵于16时31分赶到现场救援。经过消防官兵的全力抢救，大火于16时36分被完全扑灭。据当地相关部门通报，事故中有一名十岁男童不幸遇难。据了解，引发此次火灾的原因为多位孩童在着火工厂的夹板房内玩烟花所致。

起火厂房位于虎门镇九门寨环岛路11号～14号，一幢7层厂房，楼上有多家制衣厂、绣花厂。起火部位位于首层楼梯间，该楼梯间搭建简易值班室，过火面积约5平方米。

20日下午，围观群众在事发现场看到，大火已被扑灭，现场目击者李先生说，起火位置位于一楼楼梯间隔成的夹板房内，事发时，有小孩在房内玩烟花。当时他看见夹板房内冒出滚滚浓烟，火舌从一楼蹿出老高，很快就有小孩急匆匆地从厂房里跑了出来。他和几个路人跑过去帮忙灭火，从沿街铺位拿了三四个灭火器，但灭火器不管用。

很快，接警的消防官兵就出动4辆消防车赶到现场营救，经过5分钟的扑救，大火被彻底扑灭。

08 有毒物品细储存

儿童中毒的主要原因是90%以上的家庭存有化学有毒物品，40%的家庭化学毒物存放地点经常是浴室、厨房、储藏室、卧室等孩子容易拿到的地方。储存方式不当是儿童发生中毒的主要原因。世界卫生组织及联合国儿童基金会的报告指出，“中毒”已排在儿童意外死亡原因的第五位，而误吃药物、化学品是主要“毒源”。

据统计，食物药物伤害发生的情形主要包括：

（1）有毒食物。事故一般多发于细菌容易滋生的夏季，一般表现为蔬菜农药残留超标、变质食品、无证食品等。食用有毒食物包括鱼胆、亚硝酸盐超标炸鸡块、亚硝酸盐超标羊肉串、含鼠药“溴敌隆”的烧烤、有毒苹果、含农药麦穗、含有机磷的棒棒糖等。

（2）窒息。食用坚硬不易咀嚼或其他易呛入气管的食物（包括牛肉干、蚕豆、西瓜子、果冻、苹果、花生、枣核）造成的伤害。

（3）酒精中毒。过量饮用白酒造成的伤害。

（4）过度补充营养。滥用补品或营养品（如蛋白粉、增高药）造成的伤害。

（5）药物伤害。误食（将药物当作食物食用，包括误食过期药物）或过量使用药物（包括安眠药、牵牛花籽、过期降压药）造成的伤害。

（6）其他。有食用反季节蔬菜水果、变质牛肉酱，过度饮用牛奶，过度摄入高胆固醇食物等。

预防孩子食物中毒的措施主要有以下几种：

（1）不要把药品、有毒物和生活物品放在一块儿，尤其不要放在饮料瓶、水杯中。平时喂孩子吃药时不要用糖果之类的话骗他，应该告诉他正确的药名与用途，否则他会信以为真，把药当成糖果食用。

（2）定期清理药箱，过期的药品要及时处理。另外，不要当着孩子的面吃药，他会模仿学习大人吃药的动作。

（3）所有的物品都要贴上标签，并说明用途。有毒或危险的物品要事先给孩子讲清楚它的危险性，并放在孩子够不到的地方，最好加锁。

（4）在使用杀虫剂、清洁剂、漂白剂等有毒的化学制品时，应该保护眼睛和皮肤，避免直接接触，用完后立即洗手，并把脏衣服清洗干净。

（5）一旦孩子误食有毒物品，首先要采取措施让他吐出来，可以放一勺盐在他的舌根，或者连同开水服下。如果是汽油等石油物质，就需要立即去医院治疗。

延伸阅读

煤炉取暖　一家四口均中毒

据中国消防在线报道，冬季严寒季节容易出现不安全因素。2012 年 12 月 26 日上午，江苏省启东市某居民新村内发生一起中毒事件。江西籍一家四口人疑似用煤炉取暖，纷纷中毒倒在封闭狭小的车库内。幸运的是房东及时发现，一家人在当地消防官兵及众人的搭救下被成功救出。

26日上午10时25分，江苏启东市消防中队救援人员到达事故现场，一家四口中母亲、儿子、女儿已被现场群众抢救了出来。消防官兵在现场看见，该车库用作售卖麻辣烫，面积10余平方米的车库内堆满了好几个蜂窝煤炉，大量用作做麻辣烫的用具还摆在车库中央。而且，车库被隔成了两层，上层为住宿，下层用来做买卖。5分钟后，消防官兵在众人的协助下迅速上楼将中毒躺在床上的另一名被困人员救出，赶紧送往医院治疗。

据房东回忆，当时正准备下楼买菜，当走到楼下出租的车库时，发现原本做麻辣烫生意的房客今天并没有开市，车库门紧闭屋内灯还依然亮着。他感觉有些可疑，于是他赶紧敲门，并用手机拨打房客的电话，最终还是没有回音。随即，他一边打电话报警一边找来钥匙开门。在楼内邻居的协助下，前期成功救出三名被困人员。目前，一家四口正在当地医院接受进一步治疗。

09

宠物发怒也伤人

如今，养宠物的家庭越来越多，因此宠物致伤也成了常见的儿童意外伤害，其中被狗咬伤尤为多见。狗咬伤在我国农村极为普遍，大城市里也有家庭为防不测和加强居室安全而养狗护家，致使儿童被狗咬伤的危险性大大增加。动物致伤，轻者皮肉受损、流血不止，重者发生破伤风、狂犬病，极大地危害了儿童的健康。根据统计，动物伤害的情形主要包括：

（1）狗的伤害。被狗（包括家养狗、流浪狗）咬伤，且多为烈性犬，其中又以藏獒袭击最多。

（2）毒蜂。被马蜂或毒蜂蜇伤。

（3）其他。包括被动物园猴子咬伤、被毒蛇咬伤、被流浪猫抓伤、被公鸡啄伤、被兔子感染细菌、被海蜇蜇伤中毒、受到流浪狗的惊吓等情形。

孩子被动物咬伤的原因，主要有两种，一是孩子自认为友好的动作，如拍狗、紧抱狗，却惹怒了狗，而发生咬伤。儿童由于身材较矮小，被狗咬伤面部、颈部比较多，因而对身体造成较大的危害。二是幼儿缺乏自我保护的常识和能力，在受到动物攻击时不会采取相应的防御措施，反而做出激惹动物的动作，如奔跑、踹踢等，因而造成更严重的外伤。

许多家长错误地认为，家犬对孩子的危害性较野狗小，因而往往忽略了对孩子的保护。事实上，当儿童接近任何动物时都应高度戒备，以防被伤害。对儿童加强看护是预防被狗咬伤的重要环节，许多儿童发生动物致伤时家长或其他成年亲属不在场，半数以上的幼儿被狗咬伤是在没有成人看护的情况下发生的。所以，家中有小孩子的话，最好不要养猫、狗等宠物，或者给狗戴上特制的口罩和脚套；若有孩子来家做客时，应将宠物看管好，以免伤害孩子。

被狗咬伤最严重的后果是发生狂犬病。狂犬病的潜伏期短为数天，长达一年，一旦发病，死亡率极高。儿童被狗或其他动物咬伤后，必须在当天注射狂犬病疫苗，并完成全程（共 5 次）注射，以防不测。同时应正确处理伤口：立即用 3%~5%肥皂水充分清洗伤口，再用清水冲洗干净，冲洗伤口至少 20 分钟，伤口不要包扎，及时去医院处理。

延伸阅读

屋顶惊现马蜂窝　蜇伤数人

据中国消防在线报道，2010 年 11 月 4 日上午 10 时许，重庆市万州消防支队二中队消防官兵接到指挥中心调度命令称，位于周家坝海关路的某宿舍小区内发现两个马蜂窝，已有数人被蜇伤，严重影响了小区内居民的正常生活。

接到报警后，中队立即出动 6 名官兵、1 辆消防车赶往现场。到达现场后，官兵在报警老人的带领下找到了两个蜂窝的具体位置。经现场勘查发现，其中一个蜂窝筑在 6 楼雨棚下面，且蜂窝很大一部分筑在两层雨棚的中间；另一个蜂窝筑在小区围墙外面的树上，小区外面是一处很高的山坡。现场勘查结束后，中队指挥员派出两名队员做现场警戒，并告知居民将门窗关严实。随后，其他几名队员在着好防蜂服后迅速将两个蜂窝成功铲除。

消防官兵临走时向小区居民传授遇见马蜂应该如何处置：此类马蜂个头大、毒性强，遇见马蜂窝应当及时报警，尽早摘除，自己在没有防护装备的情况下千万不要盲目去摘除，否则很容易发生人员伤亡事故。

10
带电物体不能摸

在日常工作及生活中，由于各种不同的原因，人体触电事故时有发生。由于儿童活泼好动，对这个世界充满了好奇，发生触电事故的概率更高。电的伤害包括接触人造带电设施触电和遭受雷击触电。根据统计，电的伤害的情形主要包括：

（1）徒手触摸电线。儿童因为不小心徒手触摸电线而受伤或身亡。

（2）漏电伤害。这是儿童触电的主要原因，儿童因为路灯杆漏电、泳池漏电、广场喷水池漏电、交通信号灯漏电、KTV 话筒漏电等情况触电受伤。

（3）攀爬电塔、电杆。儿童因为攀爬高压电塔和电杆触电受伤或身亡。

（4）遭受雷击。儿童在户外遭受雷击受伤或身亡。

（5）其他：还有用钥匙插进接线板、用木棍试电线电流、朝高压线撒尿、在配电室玩耍等情况遭受电击的情况。

一般轻微触电能引起人体局部麻木，呼吸、心跳骤然加速；严重触电会使触电者呼吸中枢抑制，导致呼吸加快变浅，甚至呼吸不均匀，同时，心脏功能受到损害，进而陷入昏迷，甚至引发死亡后果。

为预防儿童触电事故发生，父母应在平时教育儿童懂得电对人体的危害，不要用手去接触插头、灯头，不要把充电器等与电有关的物品当作玩具。

选购电源插座、接线板时，要尽量选择带有多重开关并带保险装置的，或者用插座盖盖上。家中不要私拉乱接电线，电源插座最好选用防触电的安全插座，这样可以减少儿童触电事故的发生。

儿童触电后，应立即使其脱离电源。这是处理触电事故的首要措施。人体触电时，若其附近配有电闸，应立即将其断开，能达到使触电者迅速安全离开电源的目的。如果触电者是由于接触了垂挂及断落的有电电线而致触电，可用干燥的木棒、竹竿、擀面杖、椅子把、塑料棍等绝缘工具拨开接触部位的电线。触电现场附近如果没有电闸，或者无法将电线拨开时，可在事故现场附近用绝缘物体切断电流的进路。在其他方法均难以实施的情况下，可用干燥木板等将触电者拨离触电处，或用绝缘的带状物直接将触电者拉离电源。

对严重的触电儿童予以现场救护。一般来说，轻微的触电者及时离开电源后，不需要采取任何医疗措施，就能较快地自行恢复正常。对触电严重的儿童，则应在事故现场进行紧急处理。①呼吸骤停。当触电儿童呼吸骤停而心跳尚存时，应立即进行口对口的人工呼吸。②心搏骤停。一旦发现儿童心跳骤停，应立即就地进行胸外心脏按压。同时，应尽可能拨打 120 急救电话，请求医务人员赶到现场，将触电人员转送到医院治疗。

延伸阅读

男子触电昏倒在房顶

据中国消防在线报道，2013 年 7 月 8 日 10 时 16 分，云南文山砚山大队接到 110 指挥中心命令称：砚山县江那镇炮团搅拌站房顶，有一人被电晕，人在二楼上，由于没有楼梯，请消防队来帮助救人。接警后，大队立即出动1车7名官兵赶赴现场施救。

10时30分，救援官兵到达事故现场。只见一名男子躺在8米左右高房顶上，生死不明。经询问现场围观者得知，此男子是一名炮团搅拌站的民工，在施工过程中不小心触电。由于楼顶为铁皮楼顶，且从中间向两端倾斜，如果稍有不慎，该男子就可能从楼顶掉下，情况十分危急。根据现场情况，大队指挥员立即制定救援方案，决定派一名战士通过六米拉梯攀登上操作台，利用绳索固定住被困人员，用拉梯至高点做旋转轮，通过与地面人员的配合将被困人员救下。战斗随即立即展开，一名战士携带安全绳攀登到操作台，此时被困人员的双臂紧紧地环绕在自己的胸前，救援战士小心地将安全绳紧紧地固定在伤者的身上，并将绳索的另一头绕过梯子至高点放下，让地面救援官兵牢牢地抓住绳索。此时操作台上的两名官兵相互配合，一名战士将拉梯推离操作台，另一名战士紧紧地抱住被困者将其放离操作台，缓慢地降落。通过消防官兵们十多分钟的努力，终于于10时48分，被困人员被成功地救下，移交“120”医护人员进行急救。至此，整个救援任务圆满完成。

11
警惕危险的陌生人

近年来，拐骗儿童的犯罪问题突出。由微博发出的寻子故事不断上演，引发社会各界高度关注。社会上的人贩子丧心病狂，采用物质引诱、谎言欺骗、药物麻醉、蒙面抢劫等手段拐卖少年儿童，致使全国各地区不少学生在上学路上、校门口、家门前被拐骗走，身心健康受到严重的摧残，甚至丧失了生命。

为避免悲剧一次次重演，家庭和学校要汲取惨痛的事故教训，教育少年儿童提高警惕，警惕身边危险的陌生人。

不吃陌生人给的食物，不拿陌生人的玩具或跟陌生人到远处去玩。陌生人的甜言蜜语或危言耸听的话，不要轻易相信。

上学、放学路上要结伴而行，不要一个人在路上玩耍。

要警惕网络陌生人，不要约见不认识的网友，在网上聊天时不要泄露自己和家人的隐私。

记住家里的电话和地址。如果跟大人外出失散了，或自己走迷了路，要找警察问路，或想办法打电话回家，让大人来接你。不要随便告诉陌生人你迷路了，以免受骗。

记住匪警电话是 110。如果家里来了坏人，要设法给父母打电话，要记住父母单位的电话，或叫喊邻居报案。如果被坏人强行拐走，要想办法给亲人留下寻找的线索，可在沿途丢下你的用品、衣物、鞋袜等，或根据当时的具体情况和条件做记号、留条等。要记住拐骗者的特征，以便帮助公安办案追捕。

延伸阅读

消防官兵机智解救儿童

据中国消防在线报道，2015 年 7 月 19 日上午，北京天桥地区获救群众一行三人怀着感激的心情，带着一面绣有“解百姓之危难，做人民之靠山”的锦旗来到西城支队东经路中队，感谢中队官兵在“7.17”女子抢孩子事件中的救命之恩。

7 月 17 日上午，明明（化名）和其奶奶步行至先农坛北门时，被一位 30 多岁的女子跟踪，该女子目光呆滞，一双眼睛直直地盯着孩子明明，警惕的奶奶发现后便加快了脚步往人群中赶，但是其奶奶体力有限，在路经东经路中队岗亭时，被女子追上，并与其奶奶进行厮打，欲将孩子抱走，正在此时，中队哨兵立刻上前阻止，将其拉开，由于一开始不清楚原因，战士以为是其母亲在教训孩子，为了保护孩子，哨兵上前抱起孩子远离女子，哨兵用身体阻挡女子，后经其孩子口中得知其并不认识女子，哨兵们立刻觉得事情并不是那么简单，很可能是一起抢孩子事件。这时，中队前往开会的人员刚好到达现场，中队长得知情况后立即报警，并让人将小孩抱到中队办公室，怕孩子受惊吓，前往安慰孩子和其奶奶，并派专人护送其回到家中。事后得知，该女子精神上有点问题，看见小孩子就想抢，孩子奶奶称如果不是中队战士，后果不堪设想，回到家中跟孩子父母述说此事后，其父母非常感谢中队战士，特地制作锦旗，写上感谢信，一家人到中队对中队战士表示感谢。

中队长从孩子父亲杨罡手中接过锦旗后，表示："抢险救援，保护老百姓是我们消防部队的本职工作，我们将竭尽所能保一方百姓的平安，这些都是我们应该做的。"

12
隐私之处不许碰

近年来，“校园性侵害”成为越来越严重的社会问题。

在童年遭受性侵害，往往会形成心理阴影，变得孤僻不合群，产生厌世情绪，甚至可能会影响一辈子。学校、家庭应该提前防范，向未成年学生传授防范性侵害、实施自我保护的知识和技能。

（1）凡背心裤衩覆盖的地方，不许别人碰。让学生明白身体是自己的，任何人不得随意触碰；自己的身体可以分为“可触碰区域”和“不可触碰区域”，对于“不可触碰区域”，特别是隐私处，除父母为自己洗澡或医生检查身体等少数情形外，应当拒绝任何触摸。

（2）对于让自己感到不舒服、不自在的身体接触，即使是老师或其他有权威的人，也要敢于说“不”。

（3）孩子外出，应了解环境，尽量在安全路线行走，避开荒僻和陌生的地方。

（4）晚上女孩外出时，应结伴而行，尤其是年幼女孩外出，家长一定要接送。

（5）女孩外出要注意周围动静，不要和陌生人搭腔，如有人盯梢或纠缠，尽快向人多处靠近，必要时要呼叫。

（6）女孩外出，随时与家长联系，未取得家长许可，不可在别人家夜宿。

（7）应该避免单独和男子在家里或是宁静、封闭的环境中会面，尤其是到男子家中。

（8）不随便喝陌生人给的饮料或食品。

（9）独自在家注意关门，拒绝陌生人进屋。发觉有陌生人进入应果断开灯求救。

（10）在他人欲对自己实施性侵害时要大声呼叫，在保证自身安全的情况下可以采取如下方式自卫：用手指戳刺对方眼睛，用膝盖顶撞对方裆部（前两者可同时进行），用肘部猛击对方胸部，伺机快速逃跑。

（11）学校要让未成年学生明白，对未成年人实施性侵害不仅严重损害了他们的身心健康，而且也严重触犯了法律，应当受到法律的严惩。一旦不幸遭受性侵害，要及时告诉家长或老师，同时不要急于清洗身体，要注意保留相关证据，并按照有关部门的安排及时到医院检查、治疗等。

延伸阅读

7岁女孩走失 迷影重重

据中国消防在线报道，2009年7月8日20时许，贵州省毕节地区消防特勤中队接到119指挥中心调度称：毕节市林口镇高峰村一名7岁小女孩从当日上午八点钟左右外出放牛后一直没有回家，家长们非常焦急，经四处寻找无果后向当地派出所求救，公安干警在一深洞旁发现疑似小孩滑落的痕迹，随后向消防队求救。

20 时 05 分，消防特勤中队接到指挥中心救援命令后，火速出动一辆抢险救援车及 8 名消防官兵紧急赶赴现场进行救援。一路上山高路险，官兵忍受着强烈的颠簸在崎岖的公路上驱车前行，于 22 时 58 分顺利到达山洞现场。消防官兵不顾疲劳，立即在熟悉当地人员的带领下对现场进行了初步侦察。通过仔细询问知情人和现场侦察得出：此洞为天然形成的坑洞，直径约为 30 米，从来没有人到过洞底，根本不知道洞有多深，此洞三面都是垂直的崖壁，一面是斜坡，坑洞四壁的上半部分全部被灌木丛和树枝覆盖。在斜坡上，侦查组发现了“滑落痕迹”，但是综合周围环境分析，官兵心中升起团团疑惑，一个七岁小女孩怎么会来到这里？什么时候滑落进去的？会掉到洞底吗？种种迹象表明，这些概率都非常小。

经过长时间地毯式的搜寻，消防官兵终于在一个山头的丛林中发现了那名小孩，消防官兵不顾劳累，跑过去将浑身发抖的小女孩抱起，小女孩用微弱的声音说：“哥哥，我好饿……”“别怕，马上就可以看到妈妈了……”消防官兵将小女孩护送下山。看着小女孩和她的父母抱在一起哭泣，特勤官兵们忘记了疲劳，绽开了久凝的笑脸。

第六辑

老有所“安”

近年来，“老人摔倒扶不扶”的话题屡见报端，甚至被编排成小品搬上了春晚舞台，其社会关注热度可见一斑。也从另一侧面映射出老年人摔倒事故发生概率之高。

据中国疾病预防控制中心公布的数据显示，我国每年约有 30%的 65 岁以上老年人出现跌倒的现象。随着老龄化的发展，直接死于跌倒的人数呈逐年上升趋势。

为什么在相同路面条件下，偏偏老年人容易摔倒呢？科学研究表明，步态的稳定性下降和平衡功能受损是引发老年人跌倒的主要原因。步态的步高、步长、连续性、直线性、平稳性等特征与老年人跌倒危险性之间存在密切相关性。老年人为弥补其活动能力的下降，可能会采取更加谨慎地缓慢踱步行走，造成步幅变短、行走不连续、脚不能抬到一个合适的高度，引发跌倒的危险性增加。

另一方面，老年人中枢控制能力下降，对比感觉降低，驱赶摇摆较大，反应能力下降、反应时间延长，平衡能力、协同运动能力下降，从而导致跌倒风险性累增。

我国已进入老龄化社会，65 岁及以上老年人已达 1.5 亿。按 30%

的发生率估算，每年将有 4000 多万老年人至少发生 1 次跌倒。加上老年人因用火、用电不慎，引发的火灾等各类安全事故层出不穷，严重威胁着老年人的身心健康。

春寒料峭的深夜，某高档小区发生一起火灾。

一名 76 岁高龄的独居老人在大火中丧生，引发此次火灾事故的“元凶”，是一台小太阳卤素电暖器。由于老人使用时距离床铺太近，引燃了床单、被褥等可燃物品，引发火灾。 从老人蜷曲的身形可以判断，其临终前痛苦挣扎的惨状。

通过街道居委会，我们查到老人远隔重洋的儿子电话，向他通告了火灾事故经过及调查结果。老人儿子先是质疑我们身份真伪，待确定电话果真是从消防部门打来时，顿时情不自禁，失声痛哭。

从小区物业了解，老人只此一子，在美国工作多年，非常孝顺，几年前回国，花了近 800 万元为母亲购买了这处高档住所，并雇请保姆照看老人起居生活，希望她能安享晚年，未曾想天不遂人愿，老人竟未得善终。

电话里老人的儿子无可名状的哀恸，久久在我脑海里盘桓，挥之不去。圣人孔子曾忧心忡忡启迪世人：“今之孝者，是谓能养。至于犬马，皆能有养。不敬，何以别乎？”所谓孝顺，并非仅仅是养活父母，如果没有诚敬之心，那与犬马有什么区别呢？

老人遇难的房间内，小山似堆满了漂洋过海寄来的保健用品。我想，老人儿子在给予母亲丰富的物质回报时，如果能够稍微花费一点心思，关注老人日常起居安全，就像小时候，父母不厌其烦地提醒我们小心烫、别玩火、过马路要看红绿灯一样，老人们受到的人身伤害，或许要少得多。

如果老人命且不保，孝顺又该当何论呢？

人生易老天难老，每个人都有慢慢变老的一天。除了子女的关照，老年人自身也要加强安全防范意识。当你老了，步履蹒跚，头发花白，你应调整心态，洞悉自己身心状况的演变，不能再逞当年之勇，老夫聊发少年狂，一时兴起造成无可挽回的后果。

政府及社会各界应积极行动起来，大力弘扬尊老敬老的中华传统美德，完善保护关爱老年人的法律法规，强化利于老人出行起居的硬件设施建设，为老人们安度晚年创造良好的安全环境。

01

一句提醒添一份安全

请记住，为老人买鞋，一定要选用橡胶底、纹路多的防滑鞋，家里铺设有纹理的木地板。浴室则用防滑的瓷砖，保持干燥并配上一些扶手，这样能减少老人摔倒的概率。

由于记忆力下降，老人在家生火做饭时，常常由于接打电话、看电视或串门拉家常，遗忘灶台上正在烧煮的食物，导致“干锅”引发火灾或燃气泄漏，别忘了多多提醒和关注。

老人服药种类多，很容易漏服或错服，影响治疗效果。建议将常用药物装入不同颜色的药瓶中，让家中老人认清药瓶，用量以数字 1、2、3 的形式标注在瓶子外侧。

延伸阅读

八旬独居老人做饭引大火

据中国消防在线报道，2015 年 1 月 6 日上午 9 时 54 分，江苏省徐州市新沂消防中队接到报警称：位于江苏省新沂市棋盘镇一民房起火，且火势蔓延迅速。接到报警后，新沂消防中队立即出动 2 辆消防车和 12 名消防官兵前往扑救。

由于民房位处农村偏远地区，且道路十分难走，这给第一时间到达现场施救带来困难。经过消防车的一路疾驰，二十多分钟后，消防队员终于来到现场。

到场后消防人员发现，起火的是一间砖土瓦房，房顶已被烧塌，只有几根房梁横在上面，屋内还有火苗不断闪烁，此时火势已呈下降阶段。

中队指挥员立即下令清剿余火。一组消防队员立即铺设水带，出一支水枪进行灭火。几分钟后，明火被全部扑灭，指挥员又带领消防队员进到屋内查看火势，并出水降温，防止死灰复燃。

房屋的主人是一位八旬老太，老太儿子常年在外打工，自己一人独居。据老人讲，上午自己在做饭，不小心将地锅旁边的柴火引燃了，看到起火后，老人慌忙跑了出来，随后火势越来越大。

由于老年人体质下降，遇事反应迟钝、救火避难能力较弱，火灾发生后极易发生伤亡。因此提高老人消防安全意识，家人多给老人一些日常照顾显得尤为重要。

02

取暖器“发火”易伤人

老人怕冷，新购的电热毯，要严格按照产品使用说明书进行操作，确保电热毯的额定用压与其所使用的现行电压相符。电热毯首次使用或长期搁置后再次使用时，应先通电、检查，确保安全后方可使用。

电热毯在使用时必须平铺，绝不能蜷曲或折叠，以防增大电热毯的热效应，导致电热毯因散热或接触不良而引起燃烧。为了使电热毯能保持良好的散热性能，既不能在电热毯上面加盖厚物，也不能在电热毯下面垫塑料布，以防身体排出的水分不能顺利蒸发而在塑料布上凝结成水珠，破坏电热毯的绝缘性能。

行动不便的老人使用电热毯时，应有专人照料，当温度适宜时，即可拔掉或关闭电源。大小便失禁的老人、病人均不可使用电热毯，否则电热毯被浸湿后极易发生触电事故。电热毯在使用过程中，如发现接触不良、散热不均、漏电或不制热等情况，切不可自行修理，应尽快请专业人员进行维修。

当人员外出或停电时，必须拔下电热毯的电源插座，以防发生意外事故。电热毯的使用期限不应大于 6 年，凡是超过使用期限的电热毯，应当更换，防止发生漏电伤人或火灾事故。

使用电暖器取暖时，要注意和沙发、窗帘、被褥等可燃物保持 1

米以上距离，以免长时间烘烤导致热量聚集引发火灾。

电暖器上不能覆盖、烘烤衣物等可燃物品。插座和电线远离电暖器发热部位，否则易把电源烧坏。居室中无人时，应拔掉电暖器插头。

在购买电热宝时一定要选择电热丝式的。电极式电热宝由于存在安全隐患，早在 2010 年实施的《家用和类似用途电器的安全储热式电热暖手器的特殊要求》中，就已经明确禁止生产和销售。

电极式电热宝通过电极直接给液体加热，加热的时候电热宝中的液体体积会膨胀，并且液体膨胀速度快，如果加热后不及时拔掉电源，就很容易发生爆炸。另外，电极式电热宝中的电极是直接接触液体的，所以电热宝中的液体一旦渗漏，还容易发生触电。

由于发热部件不同，电极式电热宝和电热丝式电热宝的内部结构也相差很多，如果在选购时摸到电热宝内有一个体积较大的塑料线圈或 U 形、圆弧形的管，就是较为安全的电热丝式电热宝，而摸起来有两根手指头形状的管子插在液体中的，则是被禁售的电极式电热宝。

购买时，还要查看电热宝是否具有检验合格证、产品说明书及 3C 认证等，产品说明书上要标有产品的品牌、生产厂家名称、地址、联系方式以及保修条例等。另外，还可以选择在大型商场或者超市购买电热宝，并索要发票，一旦出现质量和安全问题，方便维权。

延伸阅读

电热毯引火灾 老人被困火场

据中国消防在线报道，“我刚一打开门，就发现浓烟滚滚，于是马上就拿起电话给 119 报了警……”提及家中刚刚发生的火灾，自贡市某小区的陈先生还心有余悸，一阵后怕。

2013 年 1 月 10 日，自贡市马吃水某小区发生火灾，一业主家中因电热毯未断电引发火灾。当地消防部门及时将火灾扑灭，幸无人员伤亡。

13 时 20 分，当记者赶到现场时，发现起火的是位于该小区的 8 栋三单元 5 楼 10 号，不少居民聚集在发生火灾的住户楼下。在邻居的指引下，记者发现位于 5 楼的一处玻璃窗已经破损。乍一看只有少量黑烟冒出，而上到 5 楼才发现，楼道顶部已聚集起了一层厚厚的“黑云”。通过红外摄像可以清晰地看到，多名消防员携带空气呼吸器在浓烟滚滚的室内进行灭火。考虑到火势还没有蔓延，消防员为防止给住户带来更大的财产损失，没有使用高压水枪进行灭火，而是就地取材，利用楼道内的干粉灭火器控制火势，并使用住户家中的盆子装满水不断地进行浇灌，几分钟后，明火被完全扑灭。记者随后进入室内，一进门便发现客厅中一台倒地的取暖器依然连接着电源，平日干净的地砖上蒙上了一层厚厚的燃烧过后留下的灰砾，整个房屋墙上到处是涂料被融化后的滴痕。起火的卧室中浓烟还没有散去，被烧得最惨的便是着火的床垫，已被烧成了光架，床垫烧剩下的弹簧圈上还不时冒出一丝青烟。

据男主人介绍，冬季寒冷，家中晚上睡觉习惯开电热毯，而早上自己先上班，可能是家人忘记拔掉电热毯电源，才导致起火。而且为了御寒，家中一直将窗户全部关闭，火灾发生后浓烟被完全笼罩在室内，邻居和物业都没有发现家中已经起火。幸运的是，他中午恰好有事回家，刚打开门便发现家中已是滚滚浓烟，便立即拨打 119 报警，而消防员及时赶到处置，将火势控制在了卧室中，才没有造成更大的损失。

据悉，三天前贡井区刚刚发生过一起电热毯火灾。而去年 1 月 11 日，同样是电热毯火灾，荣县一名 94 岁老人被困火场，多名消防员强行冲入火场救人才得以平安无事。消防部门再次提醒广大市民：冬季火灾高发，电热毯、取暖器等电器极易引发火灾，出门或入睡前切记断电，谨防引发火灾。

03
卧床吸烟小心引火烧身

烟头虽小，但其潜在的危险性却非常大。香烟在燃烧时，中心部位温度高达 700 ~ 800℃，远远超过了棉、麻、毛织物、纸张、家具等可燃物的燃点。

要特别提醒有抽烟习惯的老年人，尤其是卧病在床、行动不便的高龄老人，不要躺在床上和沙发上吸烟，在瞌睡状态或者醉酒状态下，极有可能发生人睡着了烟却没有熄灭的情况，从而引发火灾。

在以往多起因吸烟引发的火灾事故中，很多老年人由于行动迟缓、认知能力下降，坐失疏散逃生的良机。甚至有些火灾事故过火面积仅几平方米，却导致老人丧生。

延伸阅读

老人卧床抽烟引火灾

据中国消防在线报道，2015 年 3 月 22 日下午 16 时，位于江苏省盐城市的一居民家中，一名 80 岁左右的老人因在床上吸烟，未熄灭烟头便睡着了，导致被褥起火，所幸消防人员及时赶到，将大爷救出火场。

据老人的子女介绍，事发当时只有老人一个人在房间内，平时就有偷偷抽烟的习惯，由于不方便行走，家人曾多次劝说，事发时他的儿子正在工地上干活。不想，一个人在家的老大爷，在床上抽起了香烟，最终引燃了被褥。当时屋内烟很大，邻居发现后拨打了119。

在火灾事故现场，消防人员到场立即开窗排烟，并将大爷救出火场，幸亏抢救及时，大爷并无大碍。由于发现及时，火势很快得到控制，明火迅速被扑灭。老人除受了点轻伤和衣服破损外，其他并无大碍，只是精神上受到了惊吓，随后送往医院进一步检查。

据了解，火灾发生后老人的儿子就赶回了家，当时他正在工地上工作，留小孩和老人在家中，小孩在楼下玩耍，老人在卧室休息。老人平时有抽烟习惯，从火灾痕迹初步判断是烟头引燃床上的被子导致。消防部门提醒广大独居老人，不建议老人在床上吸烟，作为市民要做好劝导工作，也尽量避免让老人独居，减少用电、用火的安全事故发生。

第七辑

当天灾来临

灾难影片《后天》中，描摹了当天灾来临时的山崩地裂、洪水滔天的震撼场景，人类在大自然雷霆之威面前，何其渺小。但即便如此，遇到自然灾害事故，人们也绝不能束手待毙，听天由命。

“5 · 12”汶川特大地震，造成 6 万余人死亡，1 万多人失踪。但位于震区的四川省绵阳市安县桑枣镇桑枣中学，地震来时，全校 90 多位教师、2200 名学生全部冲到操场，用时 1 分 36 秒，全校师生无一伤亡。

这绝非偶然的结果，桑枣中学校长叶志平，一直把师生安全系在心间。据搜狐网报道，从 1997 年开始，学校连续几年对实验楼进行了改造加固。教学楼时刻要用，叶校长就利用学校的寒暑假和周末，蚂蚁啃骨头般，一点点将这栋有 16 个教室的实验楼修好加固。对学校后来的新建教学楼，他更是严要求，细观察。就连楼外立面贴的大理石贴面，也要让施工者每块大理石板上打四个孔，用四个金属钉挂在外墙上，再粘好。因为他不放心，怕掉下来砸到学生。他心中始终有一个紧绷的弦，教学楼不建结实，早晚会出事。出了事，没法向娃娃家长交代，也没法向社会交代。

叶校长心里明白，除了教学楼修建结实还不行，紧急情况下有序地疏散学生也至关重要。从 2005 年起，他每学期都要在全校组织一次紧急疏散的演习。学校规定好每个班固定的疏散路线。要求两个班在疏散时合用一个楼梯，每班必须排成单行。

每个班级疏散到操场上的位置也是固定的，每次各班级都站在自己的地方。 就连每个班在教室里怎么疏散也作了规定。教室里面一般是 9 列 8 行，前 4 行从前门撤离，后 4 行从后门撤离，每列要走教室里的哪条通道都预先进行了设置。并且要求在二楼、三楼教室里的学生跑得快些，以免堵塞逃生通道；在四楼、五楼的学生要跑得慢些，否则会在楼道中造成人流积压。在紧急疏散时，对老师的站位也有要求。要求老师站在各层的楼梯拐弯处。因为在拐弯处学生们最容易摔倒。孩子如果在这里摔倒了，老师是成人，完全有力气可以一把将孩子从人流中抓住提起来，不至于让别人踩到。

叶校长除了搞紧急疏散演练外，还经常利用学生下课后、课间操、午饭晚饭以及放晚自习时间，在教学楼中人流量最大的时候，看学生的疏散情况，查看老师是否在各层的楼梯拐弯处。他还规定，每周二学校各班级都要进行安全知识讲课，对学生进行安全教育，让老师专门讲交通安全和饮食卫生等知识。因此，有些家长曾称呼叶志平校长为“不务正业的校长”，认为他不专心于教学，天天搞这些“无关紧要”的工作。

然而，地震那天，老师和学生们就是按照平时的训练秩序，用练熟了的方式进行了安全疏散。地震波一来，老师喊：所有人趴在桌子下！学生们立即趴下去。老师们把教室的前后门都打开了，怕地震扭曲了房门。震波一过，学生们立即冲出了教室，由于平时的多次演习，在地震发生后，全校 2300 多名师生，从不同的教学楼和不同的教室中，全部冲到操场，以班级为组织站好，用时 1 分 36 秒。

学校所在的安县紧临着地震最为惨烈的北川。叶校长知道地震后，从绵阳疯了似地冲回学校，看到的情景是：学校外的房子百分之百受损，学校里的八栋教学楼部分坍塌，全部成为危楼，他担心的修理了多年的实验教学楼，没有塌。而他的学生，这些 11 岁到 15 岁的娃娃们，紧紧地挨着站在操场上，老师们站在最外圈。当他听到老师对着他报告：学生没事，老师们也没事时，浑身都软了。55 岁的他，哭了。

《左传》有言："居安思危，思则有备，有备无患。"古人智慧及今人实践告诉我们，无论天灾人祸，只要未雨绸缪，把功课做在平时，一旦灾祸来临，就不会手忙脚乱，惊慌失措，而能以冷静的头脑审时度势，把握有利之机，最大限度减少人身和财产损失。

01

地震前兆有哪些

（1）地下水异常

地下水包括井水、泉水等。主要异常有发浑、冒泡、翻花、升温、变色、变味、突升、突降、井孔变形、泉源突然枯竭或涌出等。人们总结了震前井水变化的谚语：井水是个宝，地震有前兆。无雨泉水浑，天干井水冒。水位升降大，翻花冒气泡。有的变颜色，有的变味道。

（2）地动异常

地动异常是指地震前地面出现的晃动，科学上将其称为前震（foreshock）。所有先于最大震级的震动都称作前震。有些大地震发生前几天或几小时，会发生一系列小地震，多的话可达到几十至几百次，但是，有时候小震活动不断，却不一定会有大震发生。而且有的大震发生之前，小震活动也不明显。最为显著的地动异常出现于 1975 年 2 月 4 日海城 7.3 级地震之前，科学家们也通过前震对海城地震做出了准确预报。从 1974 年 12 月下旬到 1975 年 1 月月末，在丹东、宽甸、凤城、沈阳、岫岩等地出现过 17 次地动。

（3）生物异常

许多动物的某些器官感觉特别灵敏，它们能比人类提前知道一些灾害事件的发生，例如在海洋里水母能预报风暴，老鼠能事先躲避矿井崩塌，等等。不同的动物反应可能有所不同。伴随地震而产生的物理、化学变化（振动、电、磁、气象、水氡含量异常等），往往能使一些动物的某种感觉器官受到刺激而发生异常反应。一般来说，动物的表现都有时间性，地震的震级越大，越接近临震，动物异常的种类及数量就越多，反应程度也就越强烈。比如，牛、马、驴、骡惊慌不安、不进厩、不进食、乱闹乱叫、打群架、挣断缰绳逃跑、蹬地、刨地、行走中突然惊跑；猪、羊不进圈、不吃食、乱叫乱闹、拱圈、越圈外逃；狗狂吠不休、哭泣、嗅地扒地、咬人、乱跑乱闹；鼠白天成群出洞，像醉酒似的发呆、不怕人、惊恐乱窜、叼着小鼠搬家等。

（4）电磁异常

电磁异常指地震前家用电器如收音机、电视机、日光灯等出现的异常。最为常见的电磁异常是收音机失灵，在北方地区日光灯在震前自明也较为常见。1976 年 7 月 28 日唐山 7.8 级地震前几天，唐山及其邻区很多收音机失灵，声音忽大忽小，时有时无，调频不准，有时连续出现噪声。同样是唐山地震前，市内有人见到关闭的荧光灯夜间先发红后亮起来，北京有人睡前关闭了日光灯，但灯仍亮着不熄。

（5）人的感觉

人对地震的感觉往往有三种途径：一是通过坐着的凳椅、站立的地面或躺着的床铺直接感觉到振动；二是看见周围的物体，尤其是吊挂的电灯与某些容易晃动的物体在振动；三是听到周围某些物体振动的声音。所以一旦发现房子晃个不停，左右摇摆发出隆隆的响声，那就得小心地震的发生了。

02 地震可以预防吗

地震预防的一个方面是提高建筑物的抗震能力，另一个方面则是要提高防震意识，在地震发生前，可采取以下措施：

（1）学习地震知识，掌握科学的自防自救方法。分配每人震时的应急任务，以防手忙脚乱，耽误宝贵时间。确定疏散路线和避震地点，要做到畅通无阻。

（2）加固室内家具杂物，特别是睡觉的地方，更要采取必要的防御措施，不要在高处放置危险尖锐物品。

（3）落实防火措施，防止炉子、煤气炉等震时翻倒；家中易燃物品要妥善保管；浴室、水桶要储水，准备防火用沙；学习必要的防火、灭火知识。

（4）家中常备震后急需用品。为每个家人准备一个轻便型背包，里面放置现金、矿泉水、干粮、手电筒、电池、雨衣、轻便夹克、卫生纸等。同时，还要准备一个打火机、一盒装在防水盒子里的火柴和一个用来呼叫救援人员的哨子。

（5）便携式收音机。地震时，大多数电话将会无法使用或只供紧急用途，所以收音机将会是你最好的信息来源。如有可能，可以准备电池供电的无线对讲机。

（6）在接到临震预报，或发现地震预兆，如晃动、地光、听到闷雷般的响声时，应迅速往选定的安全地区疏散。来不及疏散的，就近躲避。

03
安全避震的方法

当强震发生时，在房倒屋塌的瞬间，仍然蕴含着生的机遇与希望，大震预警现象、预警时间、避震空间的存在，是人们震时能够自救求生的条件。只要掌握了一定的避震知识，临震不慌，沉着应对，就能获得生机。

（1）震时是跑还是躲。目前多数专家普遍认为，震时就近躲避，震后迅速撤离到安全的地方，是应急避震较好的方法。但若在平房里，发现预警现象早，室外比较空旷，则可力争跑出避震。

（2）躲在何处避震。一是室内结实、不易倾倒、能掩护身体的物体下或物体旁；开间小、有支撑的地方；二是室外远离建筑物，开阔、安全的地方。

（3）科学避震姿势。一是趴下，使身体重心降到最低，脸朝下，不要压住口鼻，以利呼吸。二是蹲下或坐下，尽量蜷曲身体。三是抓住身边牢固的物体，以防摔倒或因身体移位，暴露在坚实物体外而受伤。

（4）保护身体重要部位。保护头颈部：低头，用手护住头部和后颈。如有可能，将身边的物品，如枕头、被褥等顶在头上；保护眼睛：

低头、闭眼，以防异物伤害。保护口鼻：有可能时，可用湿毛巾捂住口鼻，以防灰土、毒气。

（5）不要随便点明火，因为空气中可能有易燃易爆气体充溢。

（6）要避开人流，不要乱挤乱拥。无论在什么场合，街上、公寓、学校、商店、娱乐场所等，均如此。因为拥挤中不但不能脱离险境，反而可能因跌倒、踩踏、碰撞等受伤。

（7）居住楼房的人，不能盲目跳楼，以防摔伤或死亡；也不要往外乱跑造成拥挤，以免相互挤伤。可以迅速躲到垂直管道较多，跨度较小的地方。如厕所、厨房、门厅、过道、承重墙下和结实的床、柜下面。

（8）地震时，人若在室外，要远离楼房、桥梁、立交桥下、河流湖泊、水渠、狭窄的街巷、烟囱、变压器、高压电线、陡崖峭壁；走在路上的人，要注意保护头部，防止高空坠物伤害；在行驶中的车辆要赶快停车；遇到毒气时，应迅速逆风撤离。人若在公共场所，可因地制宜躲在椅子中间、柜台下、舞台下等。

（9）在楼上教室里的学生，可以躲在课桌下、承重墙的墙角、卫生间、过道，但要离开窗户，等地震稍平静时，再转移到安全区。在平房教室的学生，靠近教室门的可以跑到门外，靠墙的学生，可以靠墙根蹲下，教室中间的学生可以钻到桌子底下，同时将书包放在头上保护头部。

04 震后被困如何自救

若震后被困于建筑物中，要尽量保护好自己，树立生存的信心，在等待救援的同时，采取一定的措施。

沉住气，相信一定会有人来救你。保持呼吸畅通，尽量挪开脸前、胸前的杂物，清除口鼻附近的灰土。

设法避开身体上方不结实的倒塌物、悬挂物。挪开身边可移动的杂物，扩大生存空间。设法用砖石、木棍等支撑残垣断壁，以防余震时进一步被埋压。

闻到煤气及有毒异味或灰尘太大时，设法用湿衣物捂住口鼻。

设法与外界联系。仔细听听周围有没有人，听到人声时敲击铁管、墙壁，发出求救信号。与外界联系不上时可试着寻找通道。观察四周有没有通道或光亮；分析、判断自己所处的位置，从哪儿有可能脱险；试着排开障碍，开辟通道。若开辟通道费时过长、费力过大或不安全时，应立即停止，以保存体力。如果受伤，要想办法包扎。

05 遇山体滑坡如何逃

山体滑坡危害很大，是常见的地质灾害之一。滑坡多发生在山地的山坡、丘陵地区的斜坡、岸边、路堤或基坑等地带。滑坡对工程建设的危害很大，轻则影响施工，重则破坏建筑；由于滑坡，常使交通中断，影响公路的正常运输；大规模的滑坡，可以堵塞河道，摧毁公路，破坏厂矿，掩埋村庄，对山区建设和交通设施危害很大。

遇到山体滑坡，要朝垂直于滑坡前进的方向跑。避难场地应选择在易滑坡两侧边界外围。在确保安全的情况下，离原居住处越近越好，交通、水、电越方便越好。

切记不要朝着滑坡方向跑。更不要不知所措，随滑坡滚动。千万不要将避灾场地选择在滑坡的上坡或下坡。

当你无法继续逃离时，应迅速抱住身边的树木等固定物体。可躲避在结实的障碍物下，或蹲在地坎、地沟里。

注意保护好头部，可利用身边的衣物裹住头部，立刻将灾害发生的情况报告相关部门或单位。

因为滑坡会连续发生，贸然返回可能遭到第二次侵害。只有当滑坡已经过去，并且房屋远离滑坡，确认完好安全后，方可进入。

救助滑坡掩埋的人和物的方法要领有三点：将滑坡体后缘的水排开；从滑坡体的侧面开始挖掘；先救人，后救物。

延伸阅读

山体滑坡致 2 人死亡

据中国消防在线报道，2014 年 6 月 11 日 10 时 20 分左右，贵州省铜仁市松桃县蓼皋镇稿坪村发生一起山体滑坡事故，造成 2 人死亡。

事故发生后，该县应急办、公安、安监、消防、水务、国土等多个部门迅速赶往现场组成现场指挥部开展救援，现场指挥部经过询问现场知情人得知，上午 10 时 20 分左右，该县蓼皋镇稿坪村一在建水电站道路右侧局部山石松动，1 名工人被滚落的石头砸倒在地上，另外 1 名工人被埋压在了废墟里，2 人生死不明。

了解情况后，现场指挥部迅速研究制定出了救援方案，并调集相关地质专家赶赴现场。为确保现场救援人员行动安全，预防二次滑坡，公安部门利用无人机对现场进行了全面侦查，并派出民警爬上道路右侧的塔吊上利用望远镜对滑坡山体进行全面监控，同时在道路两旁设置多名警戒观察员，在做好安全防护措施后，消防救援人员分成两个救援组同时展开救援。

经过紧张救援，第 1 救援组于 14 时 45 分，将被落石砸倒在地上的工人转移到了安全地带并移交给 120 医护人员，15 时许，第 2 救援组采用手刨的救援方法成功将被埋压在废墟里的工人救出，经过 120 医护人员的检查确认，2 人已经死亡。

目前，事故原因有关部门正在调查之中。

06 洪水中的救命“稻草”

暴雨是指大气中降落到地面的水量每日达到和超过 50 毫米的降雨。暴雨经常夹杂着大风。降雨量每日超过 100 毫米的为大暴雨，超过 250 毫米的为特大暴雨。暴雨来得快，雨势猛，尤其是大范围持续性暴雨和集中的特大暴雨，它不仅影响工农业生产，而且可能危害人民的生命，造成严重的经济损失。暴雨的危害主要有两种：

（1）渍涝危害。由于暴雨急而大，排水不畅易引起积水成涝，土壤孔隙被水充满，造成陆生植物根系缺氧，使根系生理活动受到抑制，加强了嫌气过程，产生有毒物质，使作物受害而减产。

（2）洪涝灾害。由暴雨引起的洪涝淹没作物，使作物新陈代谢难以正常进行而发生各种伤害，淹水越深，淹没时间越长，危害越严重。特大暴雨引起的山洪暴发、河流泛滥，不仅危害农作物、果树、林业和渔业，而且还冲毁农舍和工农业设施，甚至造成人畜伤亡，经济损失严重。我国历史上的洪涝灾害，几乎都是由暴雨引起的，1954 年 7 月长江流域大洪涝，1963 年 8 月河北的洪水，1975 年 8 月河南大洪涝，1998 年我国长江流域特大洪涝灾害等，都是由暴雨引起的。

什么是雨涝灾害？雨涝是由于降水偏多，形成洪涝的气象灾害。由于各地降水和地形特点不同，所以各地暴雨洪涝的标准也有所不同。特大暴雨是一种灾害性天气，往往造成洪涝灾害和严重的水土流失，导致工程失事、堤防溃决和农作物被淹等重大的经济损失。特别是对于一些地势低洼、地形闭塞的地区，雨水不能迅速宣泄造成农田积水和土壤水分过度饱和，会造成更多的灾害。

07
遇到暴雨怎么办

（1）地势低洼的居民住宅区，可因地制宜采取“小包围”措施，如砌围墙、大门口放置挡水板、配置小型抽水泵等。

（2）不要将垃圾、杂物等丢入下水道，以防堵塞，造成暴雨时积水成灾。

（3）底层居民家中的电器插座、开关等应移装在离地 1 米以上的安全地方。一旦室外积水漫进屋内，应及时切断电源，防止触电伤人。

（4）在积水中行走要注意观察。防止跌入窨井或坑、洞中。

（5）河道是城市中重要的排水通道，不准随意倾倒垃圾及废弃物，以防淤塞。

08
洪水暴发后如何自救

一个地区短期内连降暴雨，河水会猛烈上涨，漫过堤坝，淹没农田、村庄，冲毁道路、桥梁、房屋，这就是洪水灾害。发生了洪水，如何自救呢？

（1）受到洪水威胁，如果时间充裕，应按照预定路线，有组织地向山坡、高地等处转移；在措手不及，已经受到洪水包围的情况下，要尽可能利用船只、木排、门板、木床等，做水上转移。

（2）洪水来得太快，已经来不及转移时，要立即爬上屋顶、楼房高层、大树、高墙，做暂时避险，等待援救。不要单身游水转移。

（3）在山区，如果连降大雨，容易暴发山洪。遇到这种情况，应该注意避免渡河，以防止被山洪冲走，还要注意防止山体滑坡、滚石、泥石流的伤害。

（4）发现高压线铁塔倾倒、电线低垂或断折；要远离避险，不可触摸或接近，防止触电。

（5）洪水过后，要服用预防流行病的药物，做好卫生防疫工作，避免发生传染病。

延伸阅读

洪水淹没房屋 消防救3人

据中国消防在线报道，连日来，湘西境内再降暴雨，2016年6月28日凌晨，天刚蒙蒙亮，大多数群众还在睡梦中时，无情洪水淹没到永顺县灵溪镇连洞虎洛村覃某房屋1米左右高，严重威胁着覃家两位老人和一名八个月大小孩的生命。当日5时许，永顺县消防队营区内警铃大作。

接到报警后，县消防大队大队长唐国富带队出动一台抢险救援车和8名指战员赶往现场进行救援。救援经验丰富的官兵携带漂浮绳、救生衣等救援装备跟随熟悉地况的民警借助木棍摸索前行，接近被淹房屋位置，约10分钟后，终于到达被困人员所在的房子内，随后救援人员将救生衣等防护装备穿戴在被困人员身上，背着老人和小孩一步一步地随着漂浮绳向安全地带转移。8时45分时被困人员被成功救出。

经了解得知被困的两个老人是两姐妹，家人均外出打工，只留着八个月大的小孩交付老人照顾，洪水在夜间便漫过农田，清晨老人发现被洪水围困后，便立即联系村干部请求帮助，随即村干部便拨打了119求助电话。

09
凶猛的海洋风暴

台风给广大的地区带来了充足的雨水，成为与人类生活和生产关系密切的降雨系统。但是，台风也总是带来各种破坏，它具有突发性强、破坏力大的特点，是世界上最严重的自然灾害之一。

台风的破坏力主要由强风、暴雨和风暴潮三个因素引起。

（1）强风。台风是一个巨大的能量库，其风速都在 17 米/秒以上，甚至在 60 米/秒以上。据测，当风力达到 12 级时，垂直于风向平面上每平方米风压可达 230 千克。

（2）暴雨。台风是非常强的降雨系统。一次台风登陆，降雨中心一天之中可降下 100 ~ 300 毫米的大暴雨，甚至可达 500 ~ 800 毫米。台风暴雨造成的洪涝灾害，是最具危险性的灾害。台风暴雨强度大，洪水出现频率高，波及范围广，来势凶猛，破坏性极大。

（3）风暴潮。所谓风暴潮，就是当台风移向陆地时，由于台风的强风和低气压的作用，使海水向海岸方向强力堆积，潮位猛涨，水浪排山倒海般向海岸压去。强台风的风暴潮能使沿海水位上升 5 ~ 6 米。风暴潮与天文大潮高潮位相遇，产生高频率的潮位，导致潮水漫溢，海堤溃决，冲毁房屋和各类建筑设施，淹没城镇和农田，造成大量人员伤亡和财产损失。风暴潮还会造成海岸侵蚀，海水倒灌造成土地盐渍化等灾害。

10 台风来了如何避险

（1）尽量不要外出。

（2）如果在外面，千万不要在临时建筑物、广告牌、铁塔、大树等附近避风避雨。

（3）如果你在开车的话，则应立即将车开到地下停车场或隐蔽处。

（4）如果你住在帐篷里，则应立即收起帐篷，到坚固结实的房屋中避风。

（5）如果你在水面上（如游泳），则应立即上岸避风避雨。

（6）如果你已经在结实的房屋里，则应小心关好窗户，在窗玻璃上用胶布贴成“米”字图形，以防窗玻璃破碎。

（7）如台风加上打雷，则要采取防雷措施。

（8）台风过后需要注意环境卫生，注意食物、水的安全。

延伸阅读

台风引洪灾 34名修桥工人被困

据中国消防在线报道，受台风“狮子山”影响，吉林省延边朝鲜族自治州和龙市出现持续强降雨天气引发洪灾。其中和龙市南坪镇灾情严重，2016年8月31日，34名正在河边修桥作业的工人被突如其来的洪水围困。当日 11 时 20 分，吉林省延边朝鲜族自治州和龙公安消防接到报警后，立即调派力量赶赴现场实施救援。

消防官兵到达现场后，发现一条宽约 40 米的河流，在河对岸有 34 名工人被困，倾盆大雨加上湍急的河水不断将孤岛的泥土冲走，被困人员的避难场所越来越小，情况愈发危急，需要立刻施救。根据现场情况，和龙消防大队作战指挥员立即部署：利用遥控直升机将绳索一端绑好静力绳送到孤岛中，被困群众将静力绳拉到身边并固定好支点，另一端由施救人员选择粗壮的大树进行固定；同时选派一名消防员穿戴好个人防护装备，并随身携带救援装备，利用绳索进行攀爬横渡。经过 20 分钟的奋力攀爬，到达河对面。

消防员辅助被困人员穿戴好安全吊带，利用 U 形钩将被困人员挂在静力绳上，待准备就绪，河岸官兵齐力利用安全带上的绳索将被困人员从孤岛中拉向河岸，第一名被困人员救出后，孤岛上的消防员再利用绳子将安全吊带拉回给其他被困群众穿戴使用。

历经 5 个多小时的紧急营救，17 时 20 分，34 名被困人员全部成功解救。

11
泥石流来临前兆

泥石流是一种具有强烈毁坏性的自然灾害。6—9 月是泥石流发生的频繁时期。

（1）泥石流来临前，一般会出现巨大的响声、沟槽断流和沟水变浑等现象。

（2）泥石流携带巨石撞击产生沉闷的声音，明显不同于机车、风雨、雷电、爆破等声音。沟槽内断流和沟水变浑，可能是上游有滑坡活动进入沟床，或泥石流已发生并堵断沟槽。

（3）泥石流沟谷下游沟谷洪水突然断流或水量突然减少；泥石流沟谷上游突然传来异常轰鸣声。

（4）动物出现鸡犬不宁、老鼠搬家等异常现象。

（5）泥石流沟谷上游出现异常气味。

（6）泥石流沟谷出现滑坡堵沟。

（7）泥石流支沟出现小型泥石流。

12 千万不要逆“流”而行

（1）在泥石流多发地区的居民要随时注意暴雨预警预报，选好躲避路线，避免到时措手不及，留心周围环境，特别警惕远处传来的土石崩落、洪水咆哮等异常声响，积极做好防范泥石流的准备。

（2）在上游地区的人，如果发现了泥石流症状，应设法立即通知泥石流可能影响的下游村庄、学校、厂矿等，以便及时躲避泥石流。

（3）在泥石流易发地区的居民，不要留恋财物，听从指挥，迅速撤离危险区。

（4）在沟谷内逗留或活动时，一旦遭遇大雨、暴雨，要迅速转移到安全的高地，不要在低洼的谷底或陡峻的山坡下躲避、停留。

（5）发现泥石流袭来时，千万不要顺沟方向往上游或下游跑，向与泥石流方向垂直的两边山坡上面爬,且不要停留在凹坡处。千万不要在泥石流中横渡。

（6）在泥石流发生前已经撤出危险区的人，千万不要返回收拾物品或锁门。

（7）尽快与有关部门取得联系，报告自己的方位和险情，积极寻求救援。

延伸阅读

强降雨引发泥石流　四人被困

据中国消防在线报道，2016年7月9日至7月10日，青海省海南州贵南县境内普遍出现强降雨天气，部分路段和地区突发泥石流灾害，目前，两名被困群众被消防人员成功救出，两名群众不幸遇难。

7月9日，海南藏族自治州贵南地区突降大雨，贵南县境内茫拉乡白刺滩附近发生泥石流灾害。17时左右，贵南县消防接到报警后冒雨赶赴现场救援，救援官兵在赶往现场途中不断通过电话联系被困群众，了解事发地周边环境及人员安全情况，提醒被困群众向周围空旷地带疏散，不要擅自行动，等待救援。

由于泥石流冲击，多处路段被冲堵，在距县城47公里处，道路被山洪泥石流阻困，消防车辆难以行进，在经过短暂的勘查后，救援官兵果断携带救援装备徒步行进，经过近3个小时的艰难跋涉，晚21时许，救援官兵作为第一支救援力量抵达灾害现场。

救援官兵发现4名群众被困泥沙当中，不断发出求救声，面对这种危急情况，救援官兵与随后赶到的政府、公安人员联合实施救援，利用手动破拆工具组、钢索、挖掘机等工具，对被困群众进行营救，经过4个多小时的紧张救援，两名群众被成功救出，随后两名遇难者遗体被找到。

在组织被困群众向安全地带疏散的过程中，强降雨引发的泥石流再次将道路冲毁，贵南县人民政府正在积极组织防汛、交通等救援力量恢复道路交通。

13 寒潮的特点及其防御

寒潮爆发在不同的地域环境下具有不同的特点。在西北沙漠和黄土高原，表现为大风少雪，极易引发沙尘暴天气。在内蒙古草原则为大风、暴雪和低温天气。在华北、黄淮地区，寒潮袭来常常风雪交加。在东北表现为更猛烈的大风、大雪，降雪量为全国之冠。在江南常伴随着寒风苦雨。

（1）当气温发生骤降时，要注意添衣保暖，特别是要注意手、脸的保暖。

（2）关好门窗，固紧室外搭建物。

（3）外出当心路滑跌倒。

（4）老弱病人，特别是心血管病人、哮喘病人等对气温变化敏感的人群尽量不要外出。

（5）注意休息，不要过度疲劳。

（6）提防煤气中毒，尤其是采用煤炉取暖的家庭更要提防。

（7）应留意天气预报，注意提前发布的寒潮消息或警报。

14 令人生畏的雷电

雷电是伴有闪电和雷鸣的一种雄伟壮观而又有点令人生畏的放电现象，是发生在雷暴云（积雨云）、云与云、云与地、云与空气之间的击穿放电现象，常伴有强烈的闪光和隆隆的雷声。

雷电一般产生于对流发展旺盛的积雨云中，因此常伴有强烈的阵风和暴雨，有时还伴有冰雹和龙卷风。积雨云顶部一般较高，可达 20 千米，云的上部常有冰晶。冰晶的淞附、水滴的破碎以及空气对流等过程，使云中产生电荷。

云中电荷的分布较复杂，但总体而言，云的上部以正电荷为主，下部以负电荷为主。因此，云的上、下部之间形成一个电位差。当电位差达到一定程度后，就会产生放电，这就是我们常见的闪电现象。闪电的平均电流是 3 万安培，最大电流可达 30 万安培。闪电的电压很高，为 1 亿 ~ 10 亿伏特。一个中等强度雷暴的功率可达 1000 万瓦，相当于一座小型核电站的输出功率。放电过程中，由于闪道中温度骤增，使空气体积急剧膨胀，从而产生冲击波，导致强烈的雷鸣。带有电荷的雷云与地面的突起物接近时，它们之间就发生激烈的放电。在雷电放电地点会出现强烈的闪光和爆炸的轰鸣声。这就是人们见到和听到的闪电雷鸣。

15
易被雷击的地方

雷电发生时产生的雷电流是主要的破坏源，其危害有直接雷击、感应雷击和由架空线引导的侵入雷。如各种照明、电信等设施使用的架空线都可能把雷电引入室内，所以应严加防范。

雷击易发生的地方有：

（1）缺少避雷设备或避雷设备不合格的高大建筑物、储罐等；

（2）没有良好接地的金属屋顶；

（3）潮湿或空旷地区的建筑物、树本等；

（4）由于烟气的导电性，烟囱特别易遭雷击；

（5）建筑物上有无线电而又没有避雷器及良好接地的地方。

16 预防雷电的方法

（1）建筑物上装设避雷装置，即利用避雷装置将雷电流引入大地而消失。

（2）在雷雨时，人不要靠近高压变电室、高压电线和孤立的高楼、烟囱、电杆、大树、旗杆等，更不要站在空旷的高地上或在大树下躲雨。

（3）不能用有金属立柱的雨伞。在郊区或露天操作时，不要使用金属工具，如铁撬棒等。

（4）不要穿潮湿的衣服靠近或站在露天金属商品的货垛上。

（5）雷雨天气时在高山顶上不要开手机，更不要打手机。

（6）雷雨天不要触摸和接近避雷装置的接地导线。

（7）雷雨天，在户内应离开照明线、电话线、电视线等线路，以防雷电侵入被其伤害。

（8）在打雷下雨时，严禁在山顶或者高丘地带停留，更要切忌继续蹬往高处观赏雨景，不能在大树下、电线杆附近躲避，也不要行走或站立在空旷的田野里，应尽快躲在低洼处，或尽可能找房间或干燥的洞穴躲避。

（9）雷雨天气时，不要用金属柄雨伞，摘下金属架眼镜、手表、裤带，若是骑车旅游要尽快离开自行车，亦应远离其他金属物体，以免产生导电而被雷电击中。

（10）在雷雨天气，不要去江、河、湖边游泳、划船、垂钓等。

（11）在电闪雷鸣、风雨交加之时，若旅游者在旅店休息，应立即关掉室内的电视机、收录机、音响、空调机等电器，以避免产生导电。打雷时，在房间的正中央较为安全，切忌停留在电灯正下面，忌依靠在柱子、墙壁边、门窗边，以避免在打雷时产生感应电而致意外。

17

被雷击后怎么办

当发生雷击时，应立即将病人送往医院。

如果当时呼吸、心跳已经停止，应立即就地做口对口人工呼吸和胸外心脏按压，积极进行现场抢救。千万不可因着急运送去医院而不作抢救，否则会贻误抢救时机而致病人死亡。

有时候，还应在送往医院的途中继续进行人工呼吸和胸外心脏按压。此外，要注意给病人保温。若有狂躁不安、痉挛抽搐等精神神志症状时，还要为其作头部冷敷。对电灼伤的局部，在急救条件下，只需保持干燥或包扎即可。

延伸阅读

遭雷击起火 4间民房被烧塌

据中国消防在线报道，2011年7月15日凌晨，廊坊市区普降暴雨。当日凌晨5时25许，固安县彭村乡西街一民房因雷击引发火灾。接到报警后，廊坊固安消防中队冒雨赶赴现场扑灭火灾，火灾未造成人员伤亡和重大财产损失。

消防官兵赶到现场时，虽然仍然下着雨，但房屋已处于猛烈燃烧状态，部分房屋的屋顶已被烧穿，火舌伴着浓烟四处乱窜。经询问户主得知房内无人员被困后，消防官兵随即展开灭火，采取内外夹攻的方法，用一支水枪从房屋正门深入内部进行强行灭火；另一支水枪负责拦截火势，分别从左边、右边窗户进行控制，防止火势向周围民房蔓延。30分钟后，火势得到有效控制。为防止火势死灰复燃，消防官兵们又利用火钩、铁锹等工具对现场进行清理，确认消除险情后方才归队。

据悉，发生火灾的为四间正房，房前种着树木。一家三口住在最东侧一间，遭遇雷击的则是最西侧房屋。凌晨5时，户主突然听到一声巨响，感觉是正常打雷没在意。不多时，一家人被浓烟呛醒，才发现大火已经从西侧房屋向东蔓延，在自救无效的情况下拨打了119报警电话。在此次火灾中，四间民房基本被烧塌，万幸的是没有造成人员伤亡。

第八辑

遇险自救

曾有消防专家研究表明，在每个人的一生中，至少会有一次直面灾难的概率。遇见危险，有的人沉着冷静，从容应对，化险为夷。有的人却如无头苍蝇，误打误撞，导致小灾变大祸，害人终害己。

某天凌晨，一家正在营业的 KTV 大厅吧台内，吧台工作人员背后的一箱空气清新剂，因被电暖器持续高温烘烤，突然发生爆燃，工作人员受到惊吓，迅速从吧台内逃离出来，可此时他并不着急灭火，而是在大厅内慢悠悠脱下外套，翻看有没有被火损坏。

一分钟内，爆燃接连发生，大火开始蔓延，火苗引燃了周围的物品和吧台后面的墙壁。而在这将近一分钟的时间内，吧台值守的员工和现场另外两名职工，没有一人找来灭火器灭火，只有一名员工赤手空拳冲进吧台内，在熊熊火光中，东扯西拽，妄图用脚把已经引燃的大火踩灭。而此时，几具灭火器就安放在大厅的一角，离吧台只有不到 6 米的距离。

几分钟后，空气清新剂再次发生爆燃，这时，火苗已经吞噬了整个吧台，KTV 的电闸也被拉下，现场一片漆黑。最终，一场发生在眼皮底下的火灾，因为值班人员处置失当，一错再错，竟酿成 11 人死亡、24 人受伤的惨剧。

愚者以流血换教训，智者以教训止流血。当每一起灾难过后，我们既为逝者感到痛心惋惜，同时也要自警自省，举一反三，事先学习掌握几类常见安全事故处置的方法。

01

失火自救的方法

当发现自己的住宅或居家失火时，头脑要冷静，千万不要惊慌失措，应该采取行之有效的措施，如果是初起小火，燃烧面积不大，像废纸篓里的纸着了，簸箕里的一点垃圾着了，烟灰缸里的杂物着了，地毯有很小面积的地方着了，可以用灭火器或水灭火，也可用浸湿的毛巾、棉被等覆盖，把火扑灭；如果火势较大，正在蔓延，应及时拨打 119 电话报警，同时用灭火器等灭火，扑不灭时，应当尽快撤离火灾燃烧区域。

如果是液化气罐着火，只要将角阀关闭，火焰将很快熄灭。如果阀口火焰较大，可以用湿毛巾、抹布等堵塞漏气冒火处，将火压灭，再关紧阀门。角阀失灵时，可用湿毛巾、抹布等猛力抽打将火焰扑灭后，先用湿毛巾、肥皂、黄泥等将漏气处堵住，把液化气罐迅速搬到室外空旷处，让它泄掉余气，但同时一定要做好监护，杜绝火源存在。

如果你的衣服被烧着，应该尽快脱掉，就地扑打；如果来不及脱掉，可以躺在地上就地打滚，或者用水浇灭。此时不要带火奔跑，这样不但烧伤自己的身体，而且还容易传播火种。当见烟不见火时，不要随意打开门窗，这时室内可能由于空气不足火在阴燃，如果打开门窗，就可能形成空气对流，助长火势蔓延，即使有必要打开门窗时，也不要大开。

油锅起火时，要立即用锅盖盖住油锅，将火熄灭，切不可用水扑救或用手去端锅，以防止造成热油爆溅，灼烫伤人和扩大火势。如果油锅里的油火撒在灶具上或地面上，可使用手提式灭火器扑救，或用湿棉被、湿毛毯等捂盖灭火。

02
灭火器的使用及选购方法

按所充装的灭火剂成分来划分，灭火器可分为泡沫、二氧化碳、干粉、卤代烷（例如常见的 1211 灭火器）、酸碱、清水灭火器等。而泡沫、干粉、二氧化碳这三种灭火器又是我们日常生活中使用率最高的灭火器产品。

干粉灭火器是以高压二氧化碳为动力，喷射筒内的干粉进行灭火，为储气瓶式。扑救可燃固体、易燃、可燃液体等小面积初起火灾，可利用干粉灭火器进行扑救。

使用手提式干粉灭火器时，将灭火器提到距火源 1.5 米左右距离，除掉铅封，拔掉保险销，站在火焰上风方向，一手握着喷管底端，一手按下压把，瞄准火焰根部，来回扫射进行灭火。

选购家用小型灭火器时除了注意外观标志，还要有生产厂的贴花、生产厂家、生产日期。同时还应向商家索要产品合格证、质量保证书和使用手册，以便发生问题时可以追究。

家用灭火器应放置于干燥通风、方便取用的部位，要远离明火、高温、油腻的区域，并定期查看保险销是否完好，筒体是否变形锈蚀，喷嘴是否有油垢堵塞；要经常查看灭火器压力指示器的指针是否在绿色区域内，绿色表明灭火器内部工作压力正常；黄色表明压力过高；红色表明压力过低。

安全应急包
灭火毯

03

化学易燃物品火灾应怎样扑救

化学易燃物品性质不尽相同，扑救时对灭火剂的选择性很强。这类物质发生火灾后，首先要弄清着火物质的性质，然后选用适合扑救该类物品的灭火剂，正确地实施扑救：

（1）扑救可燃和助燃气体火灾时，要先关闭管道阀门，用水冷却其容器、管道，用干粉、砂土扑灭火焰。

（2）扑救易燃和可燃液体火灾，用泡沫、干粉、二氧化碳灭火器扑灭火焰，同时用水冷却容器四周，防止容器膨胀爆炸。但醇、醚、酮等溶于水的易燃液体火灾，应该用抗溶性泡沫灭火器扑救。

（3）扑救易燃和可燃固体火灾，可用泡沫、干粉、砂土、二氧化碳或雾状水灭火器。

04 带电火灾不能用水灭

电气设备着火后可能仍然带电，并且在一定范围内存在触电危险。充油电气设备如变压器等受热后可能会喷油，甚至爆炸，造成火灾蔓延且危及救火人员的安全。所以，扑救电气火灾必须根据现场火灾情况，采取适当的方法，以保证灭火人员的安全。

（1）断电灭火：电气设备发生火灾或引燃周围可燃物时，首先应设法切断电源，必须注意以下事项：

①处于火灾区的电气设备因受潮或烟熏，绝缘能力降低，所以拉开关断电时，要使用绝缘工具。

②剪断电线时，不同相电线应错位剪断，防止线路发生短路。

③应在电源侧的电线支持点附近剪断电线，防止电线剪断后跌落在地上，造成电击或短路。

④如果火势已威胁邻近电气设备时，应迅速关闭相应的开关。

⑤夜间发生电气火灾，切断电源时，要考虑临时照明问题，以利扑救。如需要供电部门切断电源时，应及时联系供电部门。

（2）带电灭火：如果无法及时切断电源，而需要带电灭火时，要注意以下几点：

①应选用不导电的灭火器材灭火，如干粉、二氧化碳、1211 灭火器，不得使用泡沫灭火器带电灭火。

②要保持人及所使用的导电消防器材与带电体之间的足够的安全距离，扑救人员应戴绝缘手套。

③对架空线路等空中设备进行灭火时，人与带电体之间的仰角不应超过 45°，而且应站在线路外侧，防止电线断落后触及人体。如带电体已断落地面，应划出一定警戒区，以防跨步电压伤人。

（3）充油电气设备灭火

①充油设备着火时，应立即切断电源，如外部局部着火时，可用二氧化碳、1211、干粉等灭火器材灭火。

②如设备内部着火，且火势较大，切断电源后可用水灭火，有事故贮油池的应设法将油放入池中，再行扑救。

05 室内消火栓的使用方法

室内消火栓是在建筑物内部使用的一种固定灭火供水设备，它包括消火栓及消火箱。室内消火栓和消火箱通常设置于楼梯间、走廊和室内墙壁上。箱内有水带、水枪，并与消火栓出口连接。消火栓则与建筑物内消防给水管线连接。消火栓由手轮、阀盖、阀杆、车体、阀座和接口等组成。

使用时，根据消火栓箱门的开启方式，用钥匙开启箱门或击碎门玻璃，扭动锁头打开。如消火栓没有“紧急按钮”，应将其下的拉环向外拉出，再按顺时针方向转动旋钮，打开箱门，然后，取下水枪，按动水泵启动按钮，旋转消火栓手轮，即开启消火栓，展设水带进行射水灭火。

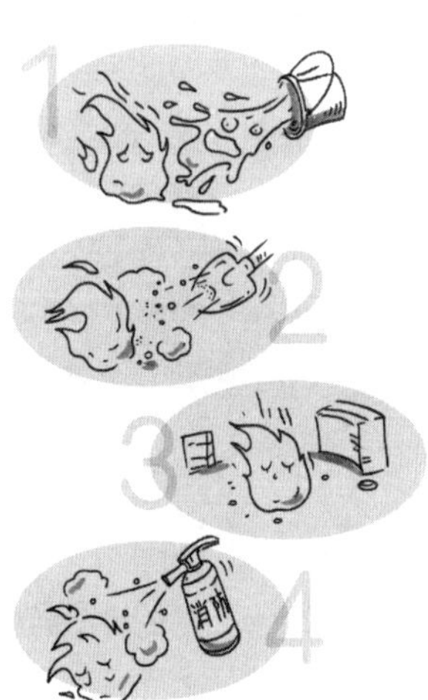

06

4 种灭火的基本方法

人们长期与火灾作斗争，积累了丰富的灭火经验，总结出 4 种灭火的基本方法。

（1）冷却法。降低燃烧物的温度，使温度低于燃点，从而燃烧过程停止。如用水和二氧化碳灭火器直接喷射燃烧物，往火源附近未燃烧物上喷洒灭火剂，防止形成新的火点。

（2）窒息法。减少燃烧区域的氧气量，阻止空气注入燃烧区域或用不燃烧物质冲淡空气，使火焰熄灭。如用不燃或难燃的石棉被、湿麻袋、湿棉被等捂盖燃烧物；用砂土埋没燃烧物；往着火空间内灌入惰性气体、蒸汽；往燃烧物上喷射氮气、二氧化碳等；封闭已着火的建筑物、设备的孔洞。

（3）隔离法。使燃烧物和未燃烧物隔离，限制燃烧范围。如将火源附近的可燃、易燃、易爆和助燃物搬走；关闭可燃气体、液体管路的阀门，减少和阻止可燃物进入燃烧环境内；堵截流散的燃烧液体；拆除与火源毗连的易燃建筑和设备。

（4）抑制法。使灭火剂参与到燃烧反应过程中去，中断燃烧的连锁反应。如往燃烧物上喷射干粉等灭火剂。

07 被火烧伤怎样处理

被火烧伤后，若烧伤处皮肤尚完整的患者，应将烧伤部位置于自来水下轻轻冲洗，或浸于冷水中约 10 分钟，至不痛为止，如无法冲洗或浸泡，则可用冷敷。

皮肤已经烧坏的患者，施救者应让患者躺下，将受伤部位垫高，高于心脏。详细检查患者有无其他伤害，维持呼吸道畅通。不要企图移去粘在伤处的衣物，必要时可将衣裤剪开。用厚的消毒敷料或干净的布盖在伤处，保护伤口。不可涂抹任何油膏或药剂，不可挑破水泡或在伤处吹气，以免污染伤处。尽速将伤者送往医院救治。

延伸阅读

男子火灾中冒险突围 全身皮肤 92%被烧伤

据中国消防报道，2015 年 6 月 13 日天凌晨，武汉黄陂盘某小区，一家三口眼看火势凶猛，跑出家门准备逃生。不料男主人在突围途中身受重伤，而同幢楼的其他居民，则因在家固守待援，逃过一劫。

昨天凌晨 1 点 30 分左右，朱某被一阵“6 楼失火了”的叫声惊醒。他急忙叫醒爱人和儿子，准备逃离。朱某试着用手握了握家中门把手，他已经能感受到铁质防盗门温度很烫，打开房门，楼道内浓烟滚滚。

“我先下去，你们跟着下来，如果有什么危险，我会提醒并保护你们。”朱某拿出3条毛巾打湿，一家三口用湿毛巾捂住口鼻，先后向楼下跑去。但三人越向下跑，越感觉周围温度不断上升，呼吸也变得困难起来。

谁也不曾料到，朱某跑到二楼后不幸昏迷，晕倒在火场内。当消防队员找到他时，朱某全身几乎没有一块完好的皮肤。随后，他被送往武汉市第三医院抢救。医生说，朱某全身皮肤92%都被烧伤。

武汉消防提示，当触摸家门已经发烫时，证明外面火势较为凶猛，浓烟温度很高且有毒，这时就不应该开门再继续向外跑去，以防大火窜入室内。要用浸湿的被褥、衣物等堵塞门窗，并泼水降温，尽量让空气流通，等待救援。

08

如何施救溺水者

（1）如何救助被溺者？一是不会水的人或不懂救护知识的人千万不可下水救人，这样不仅救不了落水者，救人者也可能会发生危险。二是救助时要设法在固定处，可以向被溺者抛救生圈、绳索、泡沫塑料、木板、树竿、树枝抛过去。三是拖动被溺者时，应蹲或趴在岸上或船上，以免被拽进水里。四是被溺者被救出水后，应迅速进行现场急救：首先是通畅呼吸道；其次是倒水；再次是心肺复苏。

（2）安全正确的水中救人方法是什么？一是需要下水时，应脱掉鞋、衣裤，无阻力地下水，并从背面侧面接近溺水者，以侧、仰泳的方法将溺水者带到安全处。二是在流动的河水里，应该朝下游一点的地方游，因为溺水者本身也在往下漂。三是万一被溺水者抱住，不要慌张，先将溺水者手脱掉，再从后面救助，用左手伸过其左臂腋窝抓住右手，或从后面抓住头部，以仰泳姿势将其拖到安全处。

（3）落水者如何配合救助者？一是被救者要镇静，双手划动，注意救助者扔过来的救生物品，迅速靠上去。二是当救助者游到自己的身边时，不要乱打水、蹬水，应配合救助者，仰卧水面，由救助者将自己拖拽到安全地带。三是不要随意呼喊、招手，要注意保存体力。

（4）在水中抽筋怎么办？一是在水中抽筋时不要惊慌，要仰浮在水面，拉伸抽筋的肌肉，舒缓后再改用别的泳姿游回岸边。二是如果脚部抽筋，抓住脚趾用力向胫骨方向扳动，并不停地按压脚后跟。三是如果大腿抽筋，弯曲膝盖向前拉伸大腿。四是当屈伸无效时，应用手使劲按摩，并采取拽、掰的方法使其恢复。五是抽筋停下来后，要用手指揉动，直到僵硬消失为止。

（5）如何现场急救？溺水的症状因溺水程度而不同。重度的溺水者 1 分钟内就会出现低血糖症，面呈青紫色，双眼充血，瞳孔放大，困睡不醒。若抢救不及时，4 ~ 6 分钟内即可死亡。必须争分夺秒地进行现场急救。

立即清除口鼻内的异物，保持呼吸道畅通。迅速进行控水，把溺水者放在斜坡地上，使其头向低处俯卧，压其背部，将水控出。如无斜坡，救护者一腿跪地，另一腿屈膝，将溺者腹部横置于屈膝的大腿上，头部下垂，按压其背部，将口、鼻、肺部及胃内积水倒出。

对呼吸已经停止的溺水者，应立即进行人工呼吸。将溺水者仰卧位放置，抢救者一手捏住溺水者的鼻孔，一手掰开溺水者的嘴，深吸一口气，迅速口对口吹气，反复进行，直到恢复呼吸。人工呼吸频率每分钟 16 ~ 20 次。

如果呼吸心跳均已停止，应立即做心肺复苏抢救。抬起溺水者的下巴，保证气道畅通，将一只手的掌根放在另一只手上，置于胸骨中段进行心脏按压，垂直方向下压，下压要慢，放松时要快；成人保持至少 100 次/分的频率，下压深度为至少 5 厘米。

一是先让窒息者躺下，把头斜过去，扳开下颌；接着，用手捏住窒息者的鼻孔，张大嘴，深呼吸，与窒息者嘴紧贴，吹气到肺部，看看胸是不是有起伏。二是没有效果时，继续向后扳头，不断重复，成人每分钟 10 次，儿童 20 次。三是做人工呼吸时若无法打开嘴，应试着自鼻子吹气。

延伸阅读

男孩钓鱼不幸溺水

据中国消防在线报道，2015年5月10日15时许，贵州省毕节市大方县消防部门接到县110指挥中心调度称，在大方县马场镇白布村，有一小孩不慎溺水，请求消防部门到场进行救援。大方消防部门接到调度命令后，立即出动一辆消防救援车、6名官兵赶赴现场救援，经过两天的打捞，成功将溺水者打捞上岸。

10日16时00分，消防官兵赶到现场侦察发现，事发地点水深8米，水很混浊，根本看不清水里的东西。指挥员向在场的村警和群众询问情况得知，有两名小孩在河边钓鱼，其中一名14岁小孩不慎落水，不知所踪。14时30分左右，另一小孩回家后告知家人并报警。

得知情况后，现场指挥员做了简单的战前动员，交代救援安全注意事项。消防官兵穿上救生衣，乘坐皮划艇利用竹竿、长绳在岸边进行打捞。因不清楚小孩溺水的具体位置，打捞的范围不断地扩大，给救援工作带来了一些困难。官兵们一边打捞一边和当地派出所及其家属等商讨对策、解决方案。由于天色渐晚，加之水下情况复杂，不利于展开施救，便与家属和派出所商量，于第二天再进行救援。

11日早上10时许，消防官兵到达现场，潜水员穿戴好潜水工具后，根据目击小孩的溺水位置，在做好相关安全保护后，立即下水进行打捞。经过半个小时左右的紧张打捞，成功将溺水小男孩尸体打捞上岸，随后将现场移交给当地派出所和家属后，撤离现场。

09 如何救助触电人员

人体触电的机理触电通常是指人体直接接触电源或高压电经过空气或其他导电介质传递电流通过人体时引起的组织损伤和功能障碍，重者发生心跳和呼吸骤停。人体损伤的轻重主要与电压高低、电流强弱、直流和交流电、频率高低、通电时间、接触部位、电流方向和所在环境的气象条件等有关。

（1）立即切断电源，或用木棒、竹竿等绝缘物使患者脱离电源。特别要注意的是普通的电灯开关不能作为切断电源的措施，因为电灯开关只能切断一根线，火线可能没有切断。当电源开关离触电地点较远时，可用绝缘工具（绝缘垫、绝缘胶靴、绝缘手套、绝缘棒、绝缘剪）将电线切断或将变压器上的断电器拉开，切断的电线应妥善放置，以防误触。

当带电的导线落到触电者身上时，可用绝缘物体将导线移开，也可用干燥的衣服、毛巾、绳子等拧成带子，套在触电者身上，将其拉出。

（2）若触电时间较短，属轻微触电，断开电源后触电人可能出现惊慌、头晕、四肢麻木等症状。此时，应看护好触电人员，不能让其走动，应让其平卧并观察呼吸、心跳等情况，防止继发休克或心衰。

（3）如触电人出现面色苍白或青紫状，昏迷不醒，甚至停止呼吸，属严重触电。此时，施救者应立即进行现场抢救，利用口对口人工呼吸和胸外按压法促使恢复正常呼吸。同时，紧急联系附近医院做进一步治疗。

延伸阅读

男子不慎触电 被困高空

据中国消防在线报道，2016年5月26日16时许，河池市消防支队指挥中心接到报警：河池市金城江区白马街一广告牌处有1人被困。接警后，指挥中心立即调派金城江消防中队官兵赶赴现场救援。

事发地点位处闹市中心，人员密集交通拥挤。消防官兵到达现场后，迅速下车拉出一片宽阔的警戒区域并做现场勘查。只见一名中年男子一动不动悬挂在五楼居民房窗户外的广告牌内。指挥员立即组织救援官兵携带安全绳、安全腰带和液压破拆工具组上楼进行救援。

根据现场知情人处了解，被困人员是因维修广告牌电路不慎触电导致昏迷，并被卡在广告牌处，由于被困人员所处位置特殊，其他人不敢轻易去触动他，只能报警等待救援。此时，被困人员已处于深度昏迷状态，嘴唇和脸面部已经开始发白，据医护人员初步查看，被困人员已失去生命迹象。指挥员立即下达作战指令：救援官兵使用安全腰带和安全绳将被困人员固定，利用液压剪把夹住被困人员的广告牌框架剪断后，把被困人员拉出危险区域。

通过10多分钟的努力，救援官兵终于将男子拉进入窗户内，并根据医护人员的指示，平稳地把被困人员安放好。在解除好固定绳后，医护人员开始了专业的生命抢救。遗憾的是，经现场医护人员抢救后，确认被困人员死亡。

目前，事故原因还在进一步调查中。

10 快速止血的几种方法

（1）手压法：在出血伤口靠近心脏一侧，用手指、掌、拳压迫跳动的血管，达到止血目的。

（2）加压包扎法：在出血伤口处放上厚敷料，用绷带加压包扎。

（3）加垫屈肢止血法：前臂或小腿出血时，可在肘窝或国窝（膝盖后侧）放纱布卷、毛巾等，屈曲关节，用三角巾把屈曲的肢体捆紧。有骨折时不能用此法。

（4）止血带法：用弹性止血带绑住出血伤口近心端大血管。

（5）注意事项：止血带下应垫纱布或柔软衣物；上肢出血，绑上臂的上 1/3 处，下肢出血，绑大腿中、上 1/3 交界处；绑止血带的压力，应以摸不到远端血管跳动、伤口出血停止为度；每隔 1 小时松开止血带 2 ~ 3 分钟。松开时要在伤口上加压以免出血。填塞止血法和止血粉止血法，须在备有无菌纱布和止血药粉的情况下才能使用。

11 发生骨折怎么办

骨折后，不要移动身体，尽快把伤到的肢体用夹板固定住。夹板可用木片或折叠起来的报纸或杂志制成，放在受伤的肢体下面或侧面，用三角形绷带、皮带或领带缠住夹板和受伤的肢体。不要缠得太用力，不要用纱布或细绳子，这些都可能阻碍血液循环。

12

气道异物阻塞急救要点

儿童进食或口含异物嬉笑、打闹或啼哭时，容易发生异物卡喉。由于异物嵌入声门或落入气管，造成幼儿窒息或严重呼吸困难，甚至心跳停止。

家长千万注意别拍背，学会“海姆立克急救法”。此法适用于 2 岁以上的儿童。具体步骤为，站在孩子背后，用两手臂环绕病人腰部，一手握拳抵住肋骨下缘与肚脐之间，另一手抱住拳头。双臂用力收紧，快速向里向上按压孩子胸部，形成一股冲击性气流，将堵住气管、喉咙的食物硬块等冲出。持续几次按压，直到气管堵塞解除，异物排除。

13

鱼刺卡喉别吞饭

咽部被鲠处多位于扁桃体上、舌根、会厌溪等处。当进食中有可能因仓促进食而发生鱼刺等鲠喉时，应积极进行处理。此时大多有刺痛或吞咽时加重，影响进食，对于少年儿童，较大的异物还可引起呼吸困难及窒息。

（1）令患者张口，用筷子或匙柄轻轻压住舌头，露出舌根，打着手电筒看能否看到有鱼刺等异物。如能看见，可用镊子将异物夹出。

（2）如患者自觉鱼刺等鲠在会厌周围或食管里，不易取出时，可让病人含一些食醋，慢慢地吞下，或用中药乌梅（去核）蘸砂糖含化咽下，或用中药威灵仙 30 克，加水两碗，煎成药，在 30 分钟内慢慢咽下，一日两剂，一般吃 1～4 剂，鱼刺即可软化自落痊愈。

（3）如方便时，最好能就医处理。至于民间有些人习惯用大口吞咽饭团或菜团的方法，企图把鱼刺压到胃内。这种方法有时会适得其反，轻则加重局部组织损伤，重者可造成食管穿孔，甚至伤及大血管引起大出血。

延伸阅读

顽皮女童腿被卡

据中国消防在线报道，2015年3月7日下午1时许，湖北省武汉市江汉区解放大道武汉国际会展中心地下一餐厅内，一小女孩腿被卡进玻璃墙夹缝中。武汉消防江汉中队接到报警后，立即出动1辆消防车8名消防官兵前往救援。

救援力量到达现场后，发现一名四岁左右的小女孩左腿被牢牢卡在两个玻璃墙中的夹缝里，腿部已经出现红肿，被困小女孩正在号啕大哭。情况十分危急，如果不及时采取有效措施，后果将不堪设想。经过现场观察发现，如果对玻璃墙进行破拆，势必会对小女孩腿部造成二次伤害，同时，巨大的痛苦也使得小女孩无法配合救援工作顺利进行。现场指挥员根据现场情况，迅速制定了救援方案：利用手动破拆工具组对玻璃墙下部墙基进行破拆，同时通过聊天等手段分散小女孩的注意力，达到顺利救援目的。战斗立即展开，救援官兵开始实施救援，现场指挥员一边跟小女孩讲笑话，对其进行安抚，一边用洗洁精涂抹在小女孩被卡部位，以减轻小女孩的痛苦。经过二十多分钟的紧张救援，随着一声“妈妈抱我”，小女孩成功脱困了。消防官兵赶紧将其慢慢抱出来交给旁边担忧不已的母亲。经检查，小女孩的左腿出现轻微擦伤，但是并无大碍。见小女孩已经脱困，消防官兵长舒了一口气，随后整理器材归队。

事后经了解，该小女孩在就餐时太过顽皮，左腿不慎卡在玻璃夹缝内无法取出，家人情急之下想将小女孩的腿拉出来，但是小孩大声喊疼，于是只好报警求助。

14 煤气中毒如何解救

煤气中含大量有毒气体如一氧化碳、硫化氢、苯、酚、氨等。高炉煤气和发生炉煤气含一氧化碳高，吸入人体后，一氧化碳与血液中的血红素化合，使血液失去输氧能力，引起中枢神经障碍，轻者头疼、晕眩、耳鸣、恶心、呕吐，重者两腿不听指挥、意志障碍、口吐白沫，大小便失禁等，严重的会导致昏迷以致死亡。

发现有人煤气中毒，应立即打开门窗，把患者移到空气流通处，解开患者衣扣使呼吸通畅，注意保暖，以防受凉形成肺炎，给患者喝热茶，深呼吸，如无缓解应迅速送往医院。

预防煤气中毒，要严格遵守煤气安全规程的有关规定，经常检查煤气设备的严密性，防止煤气泄漏，煤气设备容易泄漏部分，应设置报警装置，发现泄漏要及时处理，发现设备冒出煤气或带煤气作业，要佩戴防毒面具。

延伸阅读

煤气瓶起火　炸毁房屋

据中国消防在线报道，2016年6月22日下午15时32分，江苏省无锡消防支队周庄中队接到市119指挥中心指令：位于江阴周庄小西街49号一民宅因煤气瓶漏气着火发生爆炸事故。周庄中队接报后立即出动2辆消防车、12名消防官兵赶赴现场处置。

15时40分，周庄中队消防官兵到达现场。经勘察后发现现场门还是锁着的，为了迅速扑灭大火，消防官兵立刻将门破拆开，此时屋内已经全部是火，屋子里温度极高，并有蔓延趋势。

得知情况后，指挥员立即下令消防官兵展开扑救行动。消防官兵随即出枪进入屋内，内部堵截火势蔓延。消防官兵随后从屋中找到一个还未爆炸的小煤气瓶并迅速取出，而一个大的煤气瓶则已经炸开了花。经过55分钟的奋力扑救，明火被成功扑灭。消防官兵之后又仔细检查现场确认无安全隐患后撤离现场。

事后根据现场报警人员的描述，当时是一名男子在弄煤气瓶时突然漏气着火，随后他迅速用脸盆浇水灭火，但由于火势太大无法扑救，便逃出来了。没多久大煤气瓶就突然发生了爆炸，屋子里的墙壁、家具以及家电等尽数被炸毁。

目前，事故具体原因有关部门还在进一步调查中。

15

解除中暑的方法

人长时间受到烈日暴晒或在又热又湿的环境里，身体虽然大量出汗，但不足以散热，就会发生中暑，出现皮肤苍白、心慌、恶心、呕吐等症状，如果不及时处理，就会出现高烧、抽搐、昏迷等严重情况。解除中暑的方法有：

（1）迅速把患者移到阴凉、通风处，坐下或躺下，解开衣服，安静休息。

（2）给患者喝些加糖的淡盐水或清凉饮料，补充因大量出汗而流失的水分和盐。

（3）患者如果出现高烧，可用冷水擦身，在前额、腋下和大腿根处用浸了冷水的毛巾或海绵冷敷。

（4）患者病情严重时注意其呼吸、脉搏，并尽快拨打 999 急救电话或送医院。

延伸阅读

高温天气老人修葺房顶致中暑晕倒

据中国消防在线报道，2016 年 6 月 29 日 15 时 58 分，咸安区西河桥有一名六旬老人在屋顶中暑晕倒无法动弹，家人施救未果，遂报警求助，接到报警后，咸安怀德路执勤点立刻出动一辆救援车、6名官兵赶赴现场施救。

到达现场后，发现老人被困屋顶离地面5米左右，当时气温近34度，据了解，当时老人给自家修葺房顶，因高温中暑晕倒致老人已被困半小时左右，由于直达楼梯不具备救援条件，在楼顶的家属也不敢轻易营救，情况紧急，执勤点官兵立刻出动两节拉梯，迅速前往屋顶施救。达到屋顶后，官兵们首先为老人绑上腰带，再套上20米救援绳做牵引并绑在救援人员身上，以防老人踩空掉落，屋顶留一名消防员固定绳子做保护，地面有两名消防员固定楼梯，以防滑倒，经过约5分钟努力，老人被成功“护送”到地面。

消防官兵提醒广大市民，高温天气，午后尽量减少户外作业，高温条件下需要户外露天作业的人员，应当采取必要的防晒措施，以防中暑。

16 人工呼吸的正确方法

（1）在进行口对口吹气前，要迅速清理病人口鼻内的污物、呕吐物，有假牙的也应取出，以保持呼吸道通畅；同时，要松开其衣领、裤带、紧裹的内衣、乳罩等，以免妨碍胸部的呼吸运动。

（2）使病人呈仰卧位状态，头部后仰，以保持呼吸道通畅。救护人员跪在一侧，一手托起其下颌，然后深吸一口气，再贴紧病人的嘴，严丝合缝地将气吹入。为避免吹进的气从病人鼻孔逸出，可用另一只手捏住病人的鼻孔，吹完气后，救护人员的嘴离开，将捏鼻的手也松开，并用一手压其胸部，帮助病人将气体排出。如此一口一口有节率地反复吹气，每分钟 16～20 次，直到病人恢复自主呼吸或确诊死亡为止。

（3）如果遇到病人牙关紧闭，张不开口，无法进行口对口人工呼吸时，可采用口对鼻吹气法，方法和口对口吹气法相同。

（4）吹气时用多大的力量适宜呢？如被救人是儿童或体格较弱者，吹气力量要小些，反之要大些。一般以气吹进后，病人的胸部略有隆起为度。如果吹气后，不见胸部起伏，可能是吹气力量太小，或呼吸道阻塞，这时应再进行检查。

（5）口对口吹和体外心脏按压要同时进行。

延伸阅读

3名民工缺氧被困深井　消防人工呼吸抢救

据中国消防在线报道,2013年8月28日下午5时35分许,安徽省宣城市旌阳镇新桥开发区一工地上,3名民工被困深井中,生命危在旦夕。接到报警后,辖区消防部门立即前往救援。

事故现场,先前赶到的公安民警正在组织对被困人员进行施救,但由于没有装备器材,都只能站在井口干着急。消防人员立即对深井进行勘察,并在井口上方架设救援三脚架,一名佩戴空气呼吸器的消防员在绳索的牵引下,缓缓下入约8米的深井中。

在救援过程中,消防人员凭借娴熟的动作和默契的配合,很快将被困的3名人员顺利救出。最后救出的一名被困人员已处于昏迷状态,无任何意识和反应。为及时抢救被困人员的生命,消防人员立即采取心肺复苏法对其进行急救,直到120急救车到场,再将昏迷人员抬上车送往医院急救。

事后了解得知,一名工人在深井清淤,意外停电导致送风机停止动作,顿时使得深井内的沼气大量积聚,在井下作业的工人因撤离不及时,中毒缺氧晕倒在深井内。在场的另外两名工作人员喊叫井下工友无应答的情况下,意识到危险的发生,便先后下井救助被困工友,并报警救助,不料二名工友下去后也没有了声音,便有了开头的一幕。

17

急救请拨“120”

（1）拨打 120 电话时，要求准确、简练，切勿惊慌。

（2）呼救者必须说清病人的症状或伤情、现场地点、等车地点；并留下自己的联系电话等，以便联系。

（3）等车地点应选择路口、公交车站、大的建筑物等有明显标志处。

（4）等救护车时不要把病人提前搀扶或抬出来，以免影响病人的救治。应尽量提前接救护车，见到救护车时主动挥手示意接应。

（5）打“120”报警电话要点

① 讲清病人的姓名、性别、年龄，确切地址、联系电话。

② 讲清病人患病或受伤的时间，目前的主要症状和现场采取的初步的急救措施。

③ 报告病人最突出、最典型的发病表现。

④ 过去得过什么疾病，服药情况。

⑤ 约定具体的候车地点，准备接车。

18 怎样正确报火警

在发生火灾后，究竟如何准确报火警才能保证将火情快速并准确地传达给消防人员，从而将灾情损失降低呢？

首先，要及时。火灾发生后，最重要的是要及时报警，要不得半点迟疑。因为最佳灭火时间是火灾初期，也就是火灾发生后 3 分钟内，抓住时间就等于抓住了生命。

同时，要牢记我国的火警报警电话号码“119”。切勿忙中出乱。接着，要注意报火警的内容及注意事项：

（1）发生火灾单位或个人的详细地址。包括街道或名称、门牌号码，周围有何明显建筑或单位；大型企业要讲明分厂、车间或部位；高层建筑要讲明第几层楼等。

（2）着火物质。讲清燃烧的物品，如化工原料、油类等，119 指挥中心将根据不同性质的燃烧物质调派相应的消防车辆。

（3）火势情况。如看见冒烟，看到火光，火势猛烈，有多少房屋着火等。

（4）报警人姓名及所用电话的号码，以便消防部门电话联系及时了解火场情况，调集灭火力量。

（5）派人到路口接应消防车。

延伸阅读

乱拨119电话报警涉嫌违法

据中国消防在线报道，在日常工作中，119线路繁忙，其中还不时存在着一些恶意骚扰、报假警等不正常现象。

119，在很多市民的观念里，就是一个万能电话，家里的门反锁了、有人跳楼了、房子起火了、出车祸了，只要拨打119，这些都能解决。那么，到底什么情况下才应该拨打119呢？

盐城支队119报警中心负责人仇丽锁说道，119报警服务台是扑灭火灾、参与抢险救援、服务群众的重要窗口，承担着群众的多种报警求助。2014年，仅江苏盐城119报警服务台的呼入量就达到了三万四千起，每天呼入量达到100起，然而，在大量的呼入电话中，有效警情仅占24.9%，骚扰、打错等大量无效电话占用了报警线路，导致真正需要报警的求助电话难以打进。

公安部门表示，119报警服务台能救助危难，但也需要广大群众协助，除避免乱打、滥用119，以免占用了119的有限资源外，为保障能快速处理报警、求助，群众在拨打119时，还应尽量说清楚本人姓名、事发时间、地点等基本信息。

此外，当遇有紧急求助情况时，正确拨打119，对不属于消防职责范围的求助，请及时拨打政府相关联动部门的专线电话，保证119线路畅通。119等报警电话只有在发生紧急事件的情况下才能拨打，虚构事实拨打报警电话是违法行为，构成犯罪的，将被依法追究刑事责任。

第九辑

逃出火海

在我国，每年都有数以千计的人葬身火海。虽然每起火灾现场情形天差地别，但大多数人都是因为火灾时盲目行动，错过了显而易见的疏散机会，而白白丢了性命。

盛夏某日，天空中时断时续飘着雨滴。一家开业仅 8 天的售楼中心热闹非凡。一楼大厅内，大量消费者正在洽谈购房事宜。而在销售处二楼的各个办公区域，也有不少人正在完成房产的交易买卖。正当所有人都沉浸在对未来幸福生活的憧憬之中时，他们谁也没有料到，一场巨大的灾难正悄悄逼近。

14 时 50 分，一楼大厅沙盘区域，因电路发生故障，引发火灾。1 分钟后，一楼大厅的人们，还都围着起火的沙盘看热闹。有些人仍安坐在沙发上，若无其事鉴赏楼盘，大厅玻璃幕墙下放置的几个灭火器，无人问津。

售楼处二层，一名黑衣女子最早发现火情，可她一点都不紧张，去通知各个房间，楼道也一直没见有人出来。通知完大家，黑衣女子又回屋拿了包。正当大家觉察到烟雾弥漫，吵吵嚷嚷开始往外跑的时候，一名蓝衣女子逆向冲进烟中，也是为了拿包。而财务室一名男子，走到门口了，又转身拿钥匙锁门。

二楼的人员在撤离的过程中，发现楼梯有烟，又重新返回到二楼，其中九人选择进入了一个外墙做了造型窗户、被封死的房间里，等于进入了死胡同。

10 分钟后，当消防队员接到报警赶到现场时，火势已经处于猛烈燃烧阶段，起火建筑内部冒出大量浓烟，二楼西侧，已经爆裂的玻璃窗口有人员呼救，经过 15 分钟紧急救援，大火被彻底扑灭，40 多名被困人员被成功营救疏散，不幸的是，躲进二楼被封死房间内的九名人员，全部死亡。

01

火海逃生黄金3分钟

一次火灾的全过程，通常分为初起阶段、全面发展阶段、衰减熄灭阶段。一般来说，火灾的初起阶段，即大约火灾发生的最初三分钟以内，火势较弱，燃烧产生的烟气稀少，不会对建筑结构造成实质性的破坏，是火场逃生的绝佳时机。被困人员应立即停下一切手头事务，争分夺秒逃出险境，而不能牵东挂西，舍本逐末，错失火灾初期宝贵的疏散逃生时间。

大火经过初起阶段一定时间燃烧后，房间顶棚下充满烟气，随着烟气温度持续升高，在一定条件下，会导致室内绝大部分可燃物达到燃点，瞬间卷入燃烧，这种现象称为轰燃。轰燃持续时间很短，随后火灾即进入全面发展阶段。此时，被困火海之中的人，除非利用专业的个人防护装备，采取科学的逃生避险方法，或者被及时赶到的救援人员救出，否则生存概率微乎其微。

02

浓烟——火场第一“杀手”

那些因错失良机被困火海的人们，生命安全所遭遇到的最大威胁，通常并非大火烧身，而是浓烟的侵害。据消防部门统计，火灾死亡者中，80%以上是因吸入烟气中毒或浓烟窒息而死，可以毫不夸张地说，浓烟是不折不扣的火场第一杀手。

知己知彼，百战不殆。我们只有充分了解火灾时浓烟的危害，才能有的放矢，科学防护，最大限度地避免浓烟造成的人员伤亡。

浓烟致人死亡的第一杀手锏是一氧化碳。在一氧化碳浓度达 1.3%的空气中，人呼吸两三口气就会失去知觉，呼吸 13 分钟就会死亡。一般家庭常用建筑材料燃烧时所产生的烟气中，一氧化碳的含量高达 2.5%。

火灾中的烟气里还含有大量的二氧化碳。在通常的情况下，二氧化碳在空气中约占 0.06%，当其浓度达到 2%时，人就会感到呼吸困难，达到 6% ~ 7%时，人就会窒息死亡。另外还有一些材料，如聚氯乙烯、尼龙、羊毛、丝绸等纤维类物品燃烧时能产生剧毒气体，对人的威胁更大。

火灾发生时，烟气的流动方向就是火势蔓延的途径。实验表明，浓烟在水平方向的扩散速度为 0.3 米/秒，垂直方向上的蔓延速度达到了 3 ~ 4 米/秒，几乎是人员疏散速度的 100 倍，超过火的速度 5 倍，其产生的能量超过火的 5～6 倍。在一起火灾事故中，虽然大火只烧到 5 层，由于浓烟升腾，21 层楼上也有人窒息死亡了。

通过消防实验结果表明，明火在持续燃烧后，烟气温度会急剧上升，最高能达到几百摄氏度，高温烟雾一旦被吸入气管，会导致严重灼伤，进而发生窒息。

03 如何躲避火场浓烟

根据上述特性，在火灾中我们应该采取怎样的措施，才能有效减轻或阻止烟气对人体的伤害呢？

如果是火灾初期，在楼道内烟雾较少的情况下，可以选择沿疏散指示标志方向，从安全通道快速逃生。因为烟气比重轻，大多聚集在上部空间，逃生时要降低身体重心，捂住口鼻，尽量减少吸入浓烟的量。

逃生路线的选择，应根据火势情况，判断自己所处的位置，优先选择最简便、最安全的通道和疏散设施，如楼房着火时，选择疏散楼梯、普通楼梯、消防电梯等，尤其是防烟电梯，更安全可靠，在火灾逃生时，应充分利用。切勿盲目跟从人流，相互拥挤，乱冲乱窜。

在无路可逃的情况下，应积极寻找暂时的避难处所，保护自己，择机再逃。如果手摸房门已感到烫手，或无法开门，应关紧迎火的门窗，打开背火门窗，用湿毛巾、湿布塞住门缝或用水浸湿棉被蒙上门窗，不停用水淋透房间，等待求援。

如果在综合型多功能大型建筑物内，可利用设在电梯、走廊末端及卫生间附近的避难间，躲避烟火的危害。或者待在阳台、窗口等易于被人发现和避免烟火近身的地方，及时发出有效的求救信号，引起救援者的注意。

04 毛巾不是逃生“神器”

（1）湿毛巾捂鼻法。湿毛巾能过滤火灾烟气中有害颗粒等毒性物质，减少空气的吸入量，阻止人们因呼喊而吸入火场烟气，此外，它对火灾烟气的高温有一些防护作用，毛巾中的冷水还能使人更清醒。正确的使用步骤为：

第一步：准备一条棉质毛巾（注意：湿化纤容易使人窒息，不要用）。

第二步：彻底浸湿，拧至半水。（注意：毛巾过湿会使人呼吸困难，故使用湿毛巾时，一般应将毛巾的含水量控制在毛巾自重的 3 倍以下）。

第三步：将湿毛巾对折 3 次，叠成 8 层，然后用湿毛巾捂住口鼻，这就是一个简易的防毒面具。

第四步：如烟不太浓，可俯下身子行走；如为浓烟，须匍匐行走，在贴近地面 30 厘米的空气层中，烟雾较为稀薄。

（2）毛巾捂鼻的致命缺陷。湿毛巾对火灾烟气中最致命的成分一氧化碳并没有过滤作用。它无法让空气中分子量较大的氧气通过的同时，用物理手段过滤掉分子量较小的一氧化碳，这是最简单的科学常识，并已为实验证明。此外，应用毛巾捂鼻法，虽然护住了口鼻，但由于眼睛直接暴露在浓烟环境中，极易被高温烟尘灼伤。

当火势发展到一定阶段，浓烟弥漫之时，可将衣物或毛巾淋湿后捂住口鼻，能在短时间内起到降低温度和阻绝烟尘的作用，但不能有效过滤烟气中的有毒气体，因此不宜过度依赖。

05

千万不要盲目跳楼

如果你正在睡觉，被烟火呛醒，当卧室外着火，但火势不大、烟气不大、能够看清逃生的方向和通道时，可用湿毛巾堵住口鼻，快速冲出，撤离逃生；如果烟雾大，要让身体尽量贴近地面快速爬行；如触摸房门感到房门发热时，千万不要打开房门。如果没有办法逃离，要紧闭房门，用衣物将门窗堵住，同时要不断向门窗和衣物上泼水；设法报警通知消防队前来营救，并在阳台或窗台边俯身呼救。如喊声听不见，白天可以挥动鲜艳的衣服及往楼下扔轻而显眼的东西，晚间可用手电晃动引起营救人员的注意。

高层、多层建筑内一般都设有高空缓降器或救生绳，可通过这些设施离开危险楼层。如无专门设施，可利用床单、窗帘、衣服等自制简易救生绳，并用水打湿从窗台或阳台缓滑到安全地带。千万不要盲目跳楼。

延伸阅读

浓烟堵路　消防疏散被困者

据中国消防在线报道，2015 年 9 月 27 日 16 时 52 分许，湖南省永州市零陵区芝山北路某居民楼楼道内浓烟滚滚，多人被困在楼上无法逃生，情况万分紧急！接到指挥中心调令后，零陵消防大队迅速出动 3 车 15 人赶赴现场进行救援，并成功解救被困群众 10 人。

16 时 59 分许，消防官兵抵达现场时，楼下已经聚集了大量的人员。经询问得知，浓烟部位为 8 楼，现场没有明火。因事发当时正值中秋佳节，大部分的居民都在家里忙着准备中秋晚餐。由于事发突然，加之楼道被浓烟封堵，楼上还有好几户住户未及时疏散。

了解情况后，现场消防指挥员立即组织官兵关闭整栋楼的电源开关，并组织灭火组、救援攻坚组、疏散组、排烟组迅速进行侦查、灭火和救援工作。接到命令后，各小组迅速展开行动。经侦查发现，现场找不到起火点，也没有明火。针对侦查的情况，指挥员立即下达转移疏散被困群众的命令：攻坚组在做好个人防护的情况下，携带空呼进入现场协助被困人员转移，登高平台车从外围进行救援；同时，排烟组利用排烟机进行排烟处理。十分钟后，7 名被困人员佩戴着空呼从楼上撤离下来，随后，登高车也从 8 楼窗户救下 3 名被困人员。至此，所有被困人员全部撤离到安全地带。此次事故没有造成人员伤亡和财产损失。

事后，据检查得知，浓烟由变电箱系电线高负荷输电，负载过大引燃所致。消防部门提醒广大市民：用电高峰期，许多家用电器同时使用，并且使用时间较长，一旦用电不慎或严重超负荷，容易引起电线短路等故障，引发火灾，要切记大功率的家用电器不能同时使用。

06 单元式居民住宅着火怎么逃

单元式居民住宅发生火灾后，具体的逃生方法有：

（1）利用门窗逃生。把被子、毛毯或褥子用水淋湿裹住身体，低身冲出受困区。或用绳索（可用床单、窗帘撕成布条代替）一端系于门、可系构件上或其他牢靠的固定物体上，另一端系于老人、小孩的两肋和腹部，将其沿窗户放至地面，其他人也可沿绳滑下。

（2）利用阳台逃生。相邻单元的阳台相互连通的，可拆破隔物，进入另一单元逃生。无连通阳台且阳台相距较近时，可将室内床板或门板置于阳台之间，搭桥通过。如果楼道走廊已被浓烟充满无法通过时，可紧闭与阳台相通的门窗，站在阳台上避难。

（3）利用空间逃生。室内空间较大而火灾荷载不大时，将室内可燃物清除干净，同时清除相连室内可燃物，紧闭与燃烧区相通的门窗，防止烟和有毒气体进入，等待救援。

（4）利用时间差逃生。火势封闭了通道时，人员先疏散至离火势最远的房间内，在室内准备被子、毛毯等，将其淋湿，利用门窗，逃出起火房间。

（5）利用管道逃生。房间外墙上有落水管或供水管时，有能力的人，可以利用管道逃生，这种方法一般不适用于妇女、老人和儿童。

07 地下建筑着火如何疏散

地下建筑包括地下旅馆、商店、游艺场、物资仓库等，这些场所发生火灾时，烟气流对人的危害很大，因此需要在更短的时间里将人员疏散出去。制定区间（两个出口之间的区域）疏散方案，明确指出区间人员疏散路线和每条路线上的负责人，并用平面图显示出来。

管理人员都必须熟悉疏散方案，特别是要明确疏散路线，一旦发生断电事故，营业单位应立即启用平时备好的事故照明设施或使用手电筒、电池灯等照明器具，以引导疏散。单位负责人在人员撤离后应清理现场，防止有人在慌乱中采取躲藏起来的办法而发生中毒或被烧死的事故。

火场上脱离险境的人员，往往因某种心理原因的驱使，不顾一切，想重新回到原处达到目的，如自己的亲人也被困在房间里，急于救出亲人；怕珍贵的财物被烧，想急切地抢救出来等。这不仅会使他们重新陷入危险境地，且给火场扑救工作带来困难。所以，火场指挥人员应组织专人安排好这些人脱险，做好安慰工作，以保证他们的安全。

08
惹“火”上身别奔跑

自身着火，就地快速扑打，不能奔跑。一旦衣帽着火，应尽快地把衣帽脱掉，如来不及，可把衣服撕碎扔掉。切忌奔跑，那样会使身上的火越烧越旺，还会把火种带到其他场所，引起新的火点。身上着火，着火的人也可就地倒下打滚，把身上的火焰压灭；在场的其他人员也可用湿麻袋、毯子压灭火焰；或者跳入附近池塘、小河中将身上的火灭掉。

09 人员密集场所逃生指南

影剧院、商场、展览馆等人员密集的场所的一个共同特点是人员密集，流动性大。这些地方一旦发生火灾，往往造成群死群伤事故。在人员密集场所，火灾初期的现场常常充满浓烟，人们由于缺乏逃生和自救能力，往往惊慌失措、晕头转向；缺氧，使受害者呼吸困难，反应迟钝；毒气，使受害者中毒或神经系统麻痹而失去理智；热气流和高温使受害者无所适从，感到大难临头，惊慌失措，争相逃命，互相拥挤践踏。

（1）进入影剧院、商场、展览馆等人员密集场所，要观察并尽量记住安全出口位置，疏散通道、楼梯、安全出口的方位及走向；察看自己的座位在什么位置，距安全出口的距离，到达安全出口的最近路线；选定某个参照物，防止在黑暗中迷失方向。

（2）在影剧院时，若舞台上起火，不要向舞台侧面跑，如烟雾很大，应采取低姿势向门口、安全出口撤离；如逃生的路被堵住，应躲到有新鲜空气、受火灾威胁较小的房间，并向门上泼水降温；若进出的门厅处起火，应向侧面最近的安全出口跑，尽量逃向影剧院外，并远离影剧院，以免妨碍消防队施救；若出口都被烟火封堵，应逃向较近的有外窗的厕所等房间，并向门上泼水降温。

（3）在商场、展览馆等场所，应在现场工作人员的指挥下正确地撤离火场；应先确定着火的位置，然后向逆风方向且无火灾区域逃生；若出口全被火焰封堵，应根据具体情况决定逃生方式；当有通向屋顶的通道且离屋顶较近时，可以跑到屋顶，等待救援；当离屋顶较远或无法通向屋顶时，可以躲到可燃物少、受烟火威胁较小、有新鲜空气的房间，将该房间朝向烟火一方的所有门窗关闭，用湿布堵塞孔洞缝隙，并向门窗浇水冷却，等待救援。

禁止在浓烟中站立和大口呼吸，在商场要远离易燃易爆物品，在书店要远离图书等易燃物品，不要乘坐电梯，不要向火场里跑，不要跳楼。

10
结绳逃生常用方法

如遇到火情，当楼房通道被火封住，欲逃无路时，可将床单、被罩或窗帘等撕成条结成绳索，从阳台或窗户安全落地，这种方法也可用于救助身处危险中的市民。

（1）连续单结。欲紧急逃生时使用的结，是在一条绳子上连续打几个单结。如果不熟练的话，结与结之间很难做成等间距，需平时反复练习，抓到窍门。

（2）平结。用于连接同样粗细、同等材质的绳索，但不适用于较粗、表面光滑的绳索。打平结时，缠绕方向一旦发生错误，可能会变成外行平结，该结是个不完全的活结，用力一拉就会散开。打结时，先将两个绳端交叉，再将绳索两端缠绕后拉拢，交叉，在交叉的上方再缠绕一次（此时如果方向错误，会变成外行平结，应特别留意）。最后握紧绳索两端用力拉紧。如果在平结第 2 次缠绕时方向发生错误的话，就会变成外行平结。

（3）接绳结。接绳结是连接两条材质、粗细不同的绳索时采用的结。它打法简单，拆解容易，安全可靠。打结时，绳索多绕一圈，就变成双接绳结，可以加强绳索的耐力和安全性；如果多绕两圈，就成了三重接绳结。不要忘记在末端预留缠绕的空间。将一条绳索（粗绳）的末端对折，然后把另一条绳索（细绳）从对折绳圈的下方穿过，再把穿过的绳端绕过对折的绳索一圈，打结，并握住两端绳头拉紧。

（4）卷结。卷结是将绳的末端或中间部位系在物体上的方法。先在绳索中间做两个绳圈，重叠套在物体上，然后收紧两侧绳索。固定使用时，如果有条件，通常打完后再将短绳端牢固系在另一牢固处，增加安全系数。

（5）三套腰结。可用于从高处放下受伤人员。提起绳索对折，然后在靠近绳耳端做一个绳圈，然后将绳耳穿入绳圈，当穿入绳圈一段距离后，绕向另外一端，再穿入绳圈内收紧绳索。

11 家中常备 6 件宝

为提高家庭扑救初起火灾和逃生自救能力，公安部消防局于 2010 年 12 月 8 日发布《家庭消防应急器材配备常识》，建议有条件的家庭和单位积极配备。

（1）过滤式呼吸器。消防过滤式自救呼吸器是防止火场有毒气体侵入呼吸道的个人防护用品，由防护头罩、过滤装置和面罩组成，可用于火场浓烟环境下的逃生自救。

当发生火灾时，立即沿包装盒开启标志方向打开盒盖，撕开包装袋取出呼吸装置。沿着提醒带绳拔掉前后两个红色的密封塞。将呼吸器套入头部，拉紧头带，迅速逃离火场。消防过滤式自救呼吸器使用时间通常在 30 ~ 60 分钟，能为被困人员提供充足的逃生时间。

（2）手提式灭火器。宜选用手提式 ABC 类干粉灭火器，配置在便于取用的地方，用于扑救家庭初起火灾。注意防止被水浸渍和受潮生锈。

（3）灭火毯。灭火毯是由玻璃纤维等材料经过特殊处理编织而成的织物，能起到隔离热源及火焰的作用，可用于扑灭油锅火，或者将灭火毯披裹在身上并带上防烟面罩逃生。如果人身上着火，将毯子抖开，完全包裹于着火人身上扑灭火源，并迅速拨打急救 120。发生地震时，也可将灭火毯折叠后顶在头上，利用其厚实、有弹性的结构，减轻落物的撞击。

平常应将灭火毯固定或放置于比较显眼且能方便拿取的墙壁上或抽屉内。当发生火灾时，快速取出灭火毯，将其抖开，作为盾牌状拿在手中，直接覆盖在火焰上，同时切断电源或气源。灭火毯持续覆盖在着火物体上，并采取积极灭火措施直至着火物体完全熄灭。

（4）救生缓降器。救生缓降器是供人员随绳索靠自重从高处缓慢下降的紧急逃生装置，主要由绳索、安全带、安全钩、绳索卷盘等组成，可往复使用。如果您住在 3 楼以上，火灾发生后楼梯通道被大火封堵时，家中备有救生缓降器，就可将安全绳拴在牢固的物体上，家中成员逐个抓住绳子降落逃生。

（5）带声光报警功能的强光手电。带声光报警功能的强光手电具有火灾应急照明和紧急呼救功能，可用于火场浓烟以及黑暗环境下人员疏散照明和发出声光呼救信号。

（6）独立式烟感探测器。当火灾发生时，独立式烟感探测器能够探测火灾时产生的烟雾，及时发出报警，为人们疏散逃生赢得宝贵的时间。

在每一个房间内安装一个独立式烟感报警器很有必要。因为有很多火灾发生在深夜，报警器发出的尖利警报声能唤醒睡梦中的人们，及时扑救初期火灾或采取逃生行动。

12 火场逃生五种致命行为

（1）原路脱险。这是人们最常见的火灾逃生行为模式。因为大多数建筑物内道路出口一般不为人们所熟悉，一旦发生火灾，人们总是习惯沿着进来的出入口和楼梯逃生，当发现此路被封死时，才被迫去寻找其他出入口。殊不知，此时也许已经失去最佳逃生时机。

（2）向光朝亮。在紧急危险情况下，由于人的本能、生理、心理所决定，人们总是向着有光、明亮的地方逃生。但是，这时的火场中，90%的可能是电源已被切断或已造成短路、跳闸等，光亮之地正是火魔肆无忌惮地逞威之处。

（3）盲目追随。当人的生命突然面临危险状态时，极易因惊慌失措而失去正常的判断能力，当听到或看到有人在前面跑动时，第一反应就是紧紧地追随，而不管是否有出口。常见的盲目追随行为模式有跳窗、跳楼、逃（躲）进厕所、浴室、门角等。克服盲目追随的方法是平时要多了解与掌握消防自救与逃生知识。

（4）惯性思维。当高楼大厦发生火灾，特别是高层建筑一旦失火，人们总是习惯性地认为：火是从下面往上着的，越高越危险，越低才越安全，只有尽快逃到一层，跑出室外，才有生的希望。殊不知，这时的下层可能是一片火海，盲目地朝楼下逃生，岂不是自投火海？在发生火灾时，如向下无路可逃时，有条件的可登上房顶或在房间内采取有效的防烟、防火措施后等待救援。

（5）冒险跳楼。当逃生之路又被大火封死时，面对越来越大的火势、烟雾，人们容易失去理智。但此时也不要轻易做出跳楼、跳窗等危险举动，要考虑你所在楼房位置的安全高度和楼下场地安全情况，要考虑是否有可靠的下楼安全保护措施；当然，最好还是另找出路，或采取其他办法避险待援。

延伸阅读 ❶

车棚突发大火　300 辆电动车被烧毁

据中国消防在线报道，2016 年 3 月 1 日凌晨 1 时 37 分，南昌市消防支队 119 指挥中心接到报警称：位于南昌市红谷滩某小区的一电动车车棚发生火灾，现场火势很大，电动车车棚里近三百辆电动车（据物业介绍：登记的就有 260 辆）已经被大火覆盖，并且电动车车棚旁边有多辆车辆被烧，现场情况十分紧急。接到报警后，支队指挥中心迅速调集辖区丽景路消防中队两辆消防车赶往现场救援，并同时增派特勤一中队两辆消防车赶往现场协同灭火。

消防官兵到达现场后发现：小区一停车棚已经被大火覆盖，棚内近 300 辆电动车、3 辆小轿车和 2 辆电动三轮车被烧毁，临近房屋的墙面被熏黑，消防官兵立即询问现场有无人员受伤被困，经消防部门核实，现场所幸没有人员伤亡。消防官兵立即组织力量出动水枪灭火，经过消防官兵大约 30 分钟的扑救，大火被扑灭。据小区一位住户回忆，车棚起火可能是由于车棚里充电处的线路老化而引起。目前，火灾原因正在进一步调查当中。

消防部门提醒：在电瓶车充电时，应将充电器放置在比较容易散热通风处，避免狭窄、封闭的环境。尽量不要在晚上充电，防止一旦电动车起火不能及时发现处置。同时，应掌握适当的充电时间，一般应控制在8小时之内。此外，还应加强对电动车的电线、电路等方面的检查，防止接触不良引起接触点打火或发热，避免线路老化、磨损而造成短路及串电事故的发生。

延伸阅读 2

浓烟堵通道 消防救出30余人

据中国消防在线报道，楼梯间的一场小火，却将一栋楼的住户困住了，一对夫妻情急之下破窗逃生，不慎受伤。2016年2月22日5时49分许，厦门湖里围里社一栋民房发生火灾，一楼的一排电动车、自行车烧成一团，消防官兵先后救出了30余人，包括一名还在襁褓中的婴儿。

辖区特勤消防二中队接到报警后，立即赶往现场，但由于围里社区道路狭窄，消防车无法驶入，车辆只能停靠在社区外围道路，消防官兵徒步300米到达事故现场。中队指挥员对火场进行侦查，发现着火楼为7层出租房，只有一个楼梯通道，窗户少，空间较为密封，一楼楼梯间多辆电瓶车和自行车正处于猛烈燃烧状态，逃生通道已经被浓烟覆盖，而周边放置多个灭火器，群众已先展开自救，但未将火势控制。

经现场群众介绍，住在二楼的一对夫妇破开防盗窗，用结床单的方法试图下滑逃生，但在下滑过程中，男子未抓牢床单脱手摔伤，女子意外割伤。消防官兵将受伤的两人送上救护车。而此时，楼房内仍有大部分租户由于逃生通道已被浓烟侵占，无法自行疏散。

“搜救人员做好准备!”现场消防指挥员立即命令两名战斗员使用消火栓出水枪控制火势，三个搜救小组穿戴好防护装备待命。3 分钟后，一楼明火被扑灭，浓烟逐渐稀淡，三个搜救小组逐家逐户地搜索被困人员，并指导被困人员使用湿毛巾掩住口鼻，成功护送 30 余名被困人员疏散到楼下安全地带。

“孩子给我，你走!”当搜索到其中一间房间时，一名战士发现一名妇女怀抱孩子，没法空出手来捂住自己的口鼻，消防官兵将孩子抱到自己怀里，确认孩子安稳后，用一块温热的湿毛巾轻轻放在孩子口鼻处，到达楼底安全地带时，消防队员立即将湿毛巾拿开，而孩子依旧睡得香甜，似乎并没有意识到自己经历了什么。

直到 6 时 30 分左右，浓烟散尽后，房东用钥匙打开 1 至 7 层所有房间，消防官兵再次检查确认无人员被困。目前，火灾原因正在进一步调查中。

第十辑

平安万里行

“世界那么大，我想去看看。”2015 年，这封仅有十个字的辞职短信爆红网络，被网友戏称为“史上最具情怀的辞职申请”。

或许在每个人心中，都深藏着一个关于远行的梦想。当我们一次次背起行囊，满怀欣喜踏上旅程，是否会在某一瞬间，脑海中闪过临别之时，家人朋友“一路平安”的殷切期盼和祝福？

大年初一深夜，旅行过年的王先生一家，正围着火炉欢声笑语，突然，一阵急促的电话铃声响起，是派出所民警打来的长途电话：“您家着火啦，赶紧回来一趟！”

仿佛晴天一个霹雳，原本沉浸在幸福之中的一家人被震得魂飞天外。王先生撂下电话，驾驶机动车飞奔回京。

待他到家时，大火早已被消防队员扑灭。眼前一片狼藉，年前刚刚装修完的新房被烧得面目全非，崭新的家具家电都已化为灰烬。王先生一屁股坐在烧焦的地板上，仰天长叹，痛心疾首。

经消防部门火灾原因调查，引发此次火灾事故的原因，是由于王先生临出门时忘了关掉阳台上的窗户，结果被飞入的烟花爆竹火星引燃了堆放在阳台上的可燃物，由于家中无人，大火一直从阳台烧到了客厅、卧室，等到邻居发现着火并报警时，火灾已经进入了猛烈燃烧阶段。

近年来，随着国人旅行热潮持续升温，因旅游出行引发的安全事故也日渐高发，使原本欢乐的旅途洒满悲伤的泪水。一起起血的教训告诫人们，无论你去向何方，无论你与谁同行，都应该在即将启程的一刻，静下心来想一想，是否真的为“平安出行”做好了十足的准备。

01 出行前备好安全课

（1）停电断水关燃气。反锁房门时，最后一遍提醒自己，燃气、电器开关关闭了吗？节假期间出远门，要特别注意别忘了关好门窗，清理室内阳台、楼道可燃物，用阻燃材料堵塞空调孔洞，以防烟花飞入家中，引发火灾。

（2）出发前要检查车况。应仔细检查以下几个方面：①检查燃料、发动机润滑油、制动液等液体情况；②检查所有的车灯，包括照明和信号装置；③检查轮胎气压是否正常，胎冠有没有破损；④检查发动机软管是否有破裂或者渗漏现象；⑤检查风扇皮带有无损伤，松紧程度是否合适。

（3）必备应急用品。准备一只小手电、备用药品、急救药品、非酒精类消毒用品。遵守国家和当地政府有关乘车、乘船安全规定、不要携带明令禁止的易燃、易爆化学危险物品乘车、乘船。

（4）勿带大数额现金。旅行尽量使用信用卡，必须带现金时请将现金放在内衣的口袋里，提包或外衣只放零钱，切忌当众拿取大数额现金，贵重物品要随身携带。

（5）出国旅行准备。出国旅行人员，应查看国家旅游局等政府部门发布的旅行安全提示，做好相应的防范准备工作，记清该国境内中国大使馆或领馆的地址及电话，以便遇突发事件时紧急联络。不要答应陌生人帮其携带行李，以避免被人利用进行走私活动。

02 旅行途中常念“安全经”

（1）注意个人安全。旅客在上下车船及乘坐车船期间要严格遵守乘坐秩序，不乘坐无牌无证、改装、超载的车船，不携带危险物品上车船。

（2）注意财产安全。旅客在买票和检票时特别容易出现拥挤现象，小偷很容易抓住这个机会盗取旅客财物。同时，要严防各类诈骗活动。不要委托陌生人或刚结识的人照看自己的行李。夜间下车、下船，如果没有人接站最好就近住宿。不要饮用陌生人馈赠的饮料或食品。一些不法分子以等候车船为名，与旅客套近乎，以诈骗等方式侵占旅客财物。在与陌生人交往时，要把握好一个“度”，不轻易让陌生人看管物品行李等，以免遗失。

（3）远离危险地区。遇到雷雨、台风、热带风暴、泥石流、洪水、海啸等恶劣天气和自然灾害时，应远离危险地段或危险地区，切勿进入景区规定的禁区内，听从带团导游和旅行社的统一安排和调动，及时采取相关的防护措施，不私自随处参观游玩、脱离旅游团队。

（4）在限定区域游泳。参加游泳活动时，在与旅行社约定的区域内或景区限定的区域内游泳，最好结伴而行，要有较强的自我保护意识，携带必要的保护救生用品，不私自下水，以防溺水事故发生。

（5）谨防跌伤、迷路。到山区或地形复杂的地方旅游，要防滑、防跌倒、防迷路，要牢记景区规定的行走路线，跟随导游行进，不要去无防护设施的危险地段，最好结伴游览，防止走错路、迷路。

（6）不在野外动火。景区游玩时，请不要动用明火，不随便吸烟、乱扔烟头；进入山林，不要携带打火机、汽油等易燃易爆物品，不生火野炊。勿擅自到未开放的旅游山区和危险山区游玩；尽量避免在无人管理的山地游玩；不在无救生人员管理的深潭、溪流水域游泳及戏水；注意并依照警告、禁止标志的规定进行旅游。

（7）加强自我健康监护。旅行期间应注意饮食、饮水卫生，养成良好的饮食卫生习惯。注意餐厅卫生等级和包装食品标签，尽量食用熟食，尤其应避免食用未煮熟的海产品。

出行时应注意做好个人防护，保持良好的卫生习惯，注意勤洗手，咳嗽和打喷嚏时要用纸巾掩盖口鼻；避免与有发热、咳嗽、咳痰等呼吸道症状的病人近距离接触；尽量避免出入人群大量聚集场所；避免接触活禽或动物，特别是来路不明的禽类、病死禽和野生动物。

外出旅行时应加强自我健康监护，旅行前夕或旅行期间出现健康异常，应及早就医、及时诊治，特别是当所患疾病怀疑为传染性疾病时，应推迟、取消或及时中止外出旅行，防止和减少疾病的传播。在旅行的过程中，一旦发现可疑病人，应及时报告旅行组织者或建议可疑病人及时到当地医疗机构就医。旅行归来，一旦出现身体不适，应及时就医并主动告知医生自己的旅行史。

延伸阅读

客车起火 39 人紧急逃生

据中国消防在线报道，2015 年 3 月 24 日下午 2 时 30 分左右，一辆从福建泉州惠安到厦门的金龙客车，在行驶到沈海高速晋江到南安水头路段时车尾起火。事故发生后，车上 39 人安全逃离，没有造成人员伤亡。

14 时 35 分，晋江消防青阳中队接到报警后，立即出动 1 部消防车、7 名官兵赶往现场。在距离事故车 1 公里远的地方就能看到很大的黑烟，高速路上的车辆排起了一条条长龙。此时，整辆客车被大火包围，烈火熊熊、浓烟滚滚。在确定无人员被困后，消防官兵分成两组，架设好两把高压水枪，一把对着客车油箱部位进行冷却压制，防止油箱爆炸；另一把对着车体大火进行扫射。经过 10 分钟的扑救，明火被扑灭，随后，消防队员深入到车内对残余火势进行剿灭。

火灾过后，整辆客车几乎成了空架子，四个后轮全部被烧毁，只剩下钢丝，地上满是玻璃渣子，地上还散落着一些乘客的香烟等物品。

据客车司机介绍，车上有 38 名乘客，最早起火的是车尾。司机说，当时是高速路上的一辆小车司机提醒他车后面着火了。将车辆靠边后，赶紧组织乘客紧急撤离。随后拿着灭火器去灭火，但是一点效果都没有，很快就蔓延到整辆车。

据了解，车上 38 名乘客均是惠安当地渔民，当天从惠安崇武出发要到厦门，再从厦门坐船去台湾。由于情况紧急，他们为了保命，很多行李都来不及拿，其中一部分人连鞋都没有来得及穿，光着脚就跑下了车。所幸的是都没有受伤。

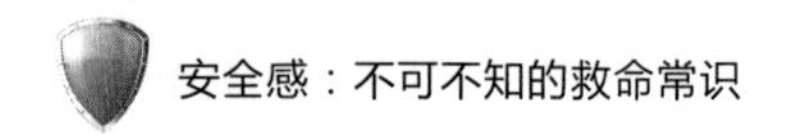

03 自驾出游做到“三要”

选择自驾出游，要做到“三要”：

一要组织严密。确定有一定野外生存经验的人带队，事先要有详细的计划、线路、措施，充分考虑可能出现的意外情况，尽量选择相对成熟的自驾游线路。

二要物资准备充分。除必备的生活用品外，还要携带指南针、应急电源、通信工具、急救药品及必要的防身器械等野外生存必需品。

三要防范措施到位。坚持每天跟家人联系，告知地点、环境和身体等情况，同时要根据食物、环境、身体等情况及时调整行程。

04

乘坐火车着火怎么办

火车或地铁上发生火灾时，首先观察火灾发生的方位，如果火灾发生在本节车厢，要向列车前进方向转移。如果火灾发生在前部车厢，要关好两道车门，同时人员撤离到后部车厢。

当车厢内火势不大时，应避免开启窗户逃生，以免加大火势蔓延速度。当车厢内火势较大时，可破窗逃生。

如果情况紧急，旅客可以跑到车门后侧拉动紧急制动阀，顺时针用力旋转手柄，使列车尽快停下来。火势如果已经威胁到相邻的车厢，应该及时采取摘钩措施，摘掉起火车厢与未起火车厢之间的挂钩。

不要顾及行李物品，用湿毛巾捂住口鼻，并尽量低姿行走，迅速撤离。

05 客车上发生火灾怎么办

乘坐客车、公交车出行的人员，如遇火灾，火势较小时，可利用车载灭火器进行扑救，如果火势很大，应迅速逃生。

紧急情况下，乘客可用“安全锤”击碎侧窗玻璃逃生。砸玻璃时要敲击玻璃四角。也可旋转车顶天窗上的红色扳手，打开天窗逃生。

通过顺时针方向转动放气阀，可切断门气路，在此状态下，车内或车外手动就可打开前后门。每辆公交车都有应急开关，一般在车门上方，颜色为红色。车门是由气泵控制，遇到紧急情况，万一司机没有按下开门按钮，乘客唯有按下应急开关后，才能将门打开。乘客按下车门应急开关后，尽量抓住车门横杠靠两侧的部位，朝里拉而不是往外推。

06

飞机失事怎么逃

很多业内人士认为，飞机失事后一分半钟内是逃生的“黄金”时间。对乘客来说，最重要的是要知道最近的紧急出口的位置——甚至应该清楚自己的座位与紧急出口隔着几排座位。其实，很多乘客之所以没能生还，是因为他们没能尽快逃离飞机。

登机后要认真听取乘务员的讲解，阅读安全条例。在发生坠机前，按照乘务员的指示采取防冲击姿势：小腿尽量向后收，超过膝盖垂线以内；头部向前倾，尽量贴近膝盖。防冲击姿势是乘客要学会的一个重要方法，它可以减少你被撞昏的风险。

07 轮船遇险怎么办

轮船遇险后，乘客需要保持冷静，沉着应对；要听从工作人员的指挥，迅速穿上救生衣，不要惊慌，更不要乱跑，以免影响客船的稳定性和抗风浪能力。落入冷水者应利用救生背心或抓住沉船漂浮物，尽可能安静地漂浮。这样在进入冷水时的不适感很快就会减轻。

轮船起火时。如果火势蔓延，封住走道，来不及逃生者可关闭房门，不让浓烟火焰侵入。乘客应听从指挥，向上风向有序撤离。撤离时，可用湿毛巾捂住口鼻，尽量弯腰、快跑，迅速远离火区。紧急情况也可跳入水中。

两船相撞时。乘客应迅速离开碰撞处，避免被挤压受伤。同时就近迅速拉住固定物，防止摔伤。情况紧急时，听从船上工作人员的指挥，弃船逃生。

第十一辑

不可触碰的红线

法律是维护国家稳定、保障各项事业蓬勃发展的最强有力的武器，也是捍卫人民群众权利和利益的工具。法律面前，人人平等，法律所提供的行为标准适用于所有公民，不允许有法律规定之外的特殊个例，无论何人，无论何时何地，一旦触犯法律，都会受到相应的惩罚。

林红（化名）的职场奋斗故事，被很多人称为现实版的杜拉拉升职记。

从偏远农村走出来的她，凭借自己的刻苦努力，从一家餐饮集团的普通员工，一步步爬升为分公司总经理。

然而此刻，她正站在法院的被告席上。几个月前，公司发生的一起火灾，造成重大人员伤亡，作为公司消防安全责任人，由于未落实消防安全职责，组织员工有效开展消防培训、演练活动，排除消防设施安全隐患，被检方指控犯重大责任事故罪。

面对指控，林红感到万分委屈，她为自己辩解说："从来没有人告诉我我是消防责任人，也从来没人对我进行过培训，我是饭店管理者，消防安全不在我的职责范围之内。"

然而，在法律面前，林红的辩驳是苍白无力的，《中华人民共和国消防法》第十六条明确规定，单位的主要负责人是本单位的消防安全责任人，应当履行下列消防安全职责：“（一）落实消防安全责任制，制定本单位的消防安全制度、消防安全操作规程，制定灭火和应急疏散预案；（二）按照国家标准、行业标准配置消防设施、器材，设置消防安全标志，并定期组织检验、维修，确保完好有效；（三）对建筑消防设施每年至少进行一次全面检测，确保完好有效，检测记录应当完整准确，存档备查；（四）保障疏散通道、安全出口、消防车通道畅通，保证防火防烟分区、防火间距符合消防技术标准；（五）组织防火检查，及时消除火灾隐患；（六）组织进行有针对性的消防演练；（七）法律、法规规定的其他消防安全职责。”

现实生活中，像林红一样，无知懵懂触犯安全法律法规的事例不在少数，有的人行车时与出警途中的消防车抢道，延误了灭火时机；有人逛商场时，因为好奇按下了火警探测器按钮，误报火警引起现场混乱；有人住进宾馆时，在房顶的喷淋头晾晒衣服，导致消防设备严重损坏；有的人随手乱丢的一个烟头，烧毁了一座大楼。

因此，作为社会公民，掌握最基本的安全法律法规条款，既能促进公共安全环境的优化建设，也是个人人身安全的必要保障。

01 任何人不得阻碍灭火

根据《中华人民共和国安全生产法》及《中华人民共和国消防法》等法律法规条款：

任何单位和个人都有维护消防安全、保护消防设施、预防火灾、报告火警的义务。任何单位和成年人都有参加有组织的灭火工作的义务。

任何人发现火灾都应当立即报警。任何单位、个人都应当无偿为报警提供便利，不得阻拦报警。严禁谎报火警。

人员密集场所发生火灾，该场所的现场工作人员应当立即组织、引导在场人员疏散。

任何单位发生火灾，都必须立即组织力量扑救。邻近单位应当给予支援。

火灾现场总指挥根据扑救火灾的需要，为了抢救人员和重要物资，防止火势蔓延，有权拆除或者破损毗邻火灾现场的建筑物、构筑物或者设施。

消防车、消防艇前往执行火灾扑救或者应急救援任务，在确保安全的前提下，不受行驶速度、行驶路线、行驶方向和指挥信号的限制，其他车辆、船舶以及行人应当让行，不得穿插超越。

02 危险场所吸烟将被拘留

有下列行为之一的，处警告或者五百元以下罚款；情节严重的，处五日以下拘留：

“（一）违反消防安全规定进入生产、储存易燃易爆危险品场所的；（二）违反规定使用明火作业或者在具有火灾、爆炸危险的场所吸烟、使用明火的。”

有下列行为之一，尚不构成犯罪的，处十日以上十五日以下拘留，可以并处五百元以下罚款；情节较轻的，处警告或者五百元以下罚款：

“（一）指使或者强令他人违反消防安全规定，冒险作业的；（二）过失引起火灾的；（三）在火灾发生后阻拦报警，或者负有报告职责的人员不及时报警的；（四）扰乱火灾现场秩序，或者拒不执行火灾现场指挥员指挥，影响灭火救援的；（五）故意破坏或者伪造火灾现场的；（六）擅自拆封或者使用被公安机关消防机构查封的场所、部位的。”

延伸阅读

嘉兴一女子煮粥引发火灾　构成失火罪被判刑一年

据中国消防在线报道，经过一年零三个月的调查取证，由嘉兴消防秀洲大队主责承办首例失火案成功判决，被告人被判处有期徒刑一年，刑期于10月24日起正式执行。

2013年7月14日18时31分，秀洲区消防大队接到报警称，位于秀洲区洪合镇民和路与洪涛路交叉口的浙江嘉欣金三塔丝织有限公司洪一分站内发生火灾。由于该区域建筑均为砖木结构，耐火等级低，且成片地连在一起，极易蔓延开来，使周围的平房受到严重威胁。情况紧急，接到报警后，大队即刻出动5辆消防车、20名消防官兵前往扑救，至21时20分，大火被彻底扑灭。

火灾发生后，秀洲大队调查人员第一时间到场，并开展走访调查。为加快案件办理进度，一方面，领导高度重视，成立专案小组，并由专人负责，加强跟踪、及时汇报、层层推进案件办理进程。另一方面，克服重重困难多方调查取证，针对办案过程中遇到的火灾现场破坏严重取证困难、火灾原因难以认证、货物损失难以估量等多方问题，在取证过程中，调查人员多次往返于嘉兴、洪合、义乌等地，对目击者、生产方、订货方等人员做询问调查，并结合群众指证，确认案件火灾事故原因。此外，大队积极协同区物价局等部门，提供专业火灾损失评估服务，并在火灾现场勘察情况、询问笔录，准确统计物资损失。

2013年8月，消防专案小组锁定犯罪嫌疑人，并依法将其传唤、拘留，进行深入讯问调查。经一系列侦查取证，认定犯罪嫌疑人于7月14日18时20分许，在其租房厨房内用煤气灶煮粥，因疏于照看，不慎起火，致使被害人沈某某、沈某羊毛衫等货物及浙江嘉欣金三塔丝针织有限公司房屋烧毁。此次火灾共导致4户受灾，过火面积约600平方米，共造成二层砖木结构房屋一幢、平房三间、铁皮房一间、部分毛纱和毛衫等被毁，直接财产损失187万余元。

由于火灾造成的损失已构成失火案的标准，直接责任人的行为触犯了《中华人民共和国刑法》第一百一十五条第二款，涉嫌失火罪。由于各项证据充分，10月24日上午，秀洲区人民法院根据《中华人民共和国刑法》第一百一十五条第二款、第六十七条第一款之规定，以失火罪判处岳某某有期徒刑一年。

03

组织疏散是每个员工的义务

从业人员在作业过程中，应当严格遵守本单位的安全生产规章制度和操作规程，服从管理，正确佩戴和使用劳动防护用品。从业人员发现事故隐患或者其他不安全因素，应当立即向现场安全生产管理人员或者本单位负责人报告；接到报告的人员应当及时予以处理。

人员密集场所发生火灾，该场所的现场工作人员不履行组织、引导在场人员疏散的义务，情节严重，尚不构成犯罪的，处5日以上10日以下拘留。构成犯罪的，依法追究刑事责任。

生产经营单位的安全生产管理机构以及安全生产管理人员履行下列职责："（一）组织或者参与拟订本单位安全生产规章制度、操作规程和生产安全事故应急救援预案；（二）组织或者参与本单位安全生产教育和培训，如实记录安全生产教育和培训情况；（三）督促落实本单位重大危险源的安全管理措施；（四）组织或者参与本单位应急救援演练；（五）检查本单位的安全生产状况，及时排查生产安全事故隐患，提出改进安全生产管理的建议；（六）制止和纠正违章指挥、强令冒险作业、违反操作规程的行为；（七）督促落实本单位安全生产整改措施。"

在生产、作业中违反有关安全管理的规定，因而发生重大伤亡事故或者造成其他严重后果的，处 3 年以下有期徒刑或者拘役；情节特别恶劣的，处 3 年以上 7 年以下有期徒刑。

延伸阅读

火灾现场需保护 擅自破坏遭处罚

据中国消防在线报道，2010 年 10 月 10 日 0 时 8 分许，丽水云和县消防大队接到报警，位于云和县云和镇一加工点发生火灾。在接到报警后，云和消防大队立即出动赶赴现场进行灭火，经过近 1 个小时的奋力扑救，大火最终被扑灭。

火灾发生后，云和消防大队立即组织精干力量赶赴火灾现场，进行火灾事故鉴定。但是当消防火调人员到达事故现场时，却发现现场已经被清理干净，火场的原始状态遭破坏，火灾的起火蔓延痕迹、烟熏痕迹、烧毁的物证等全部流失，已经没有任何可以利用的调查线索，根本无法认定火灾原因。当火调人员要求其单位负责人给出合理解释时，其负责人却支支吾吾说不清楚。随即消防大队展开调查，通过对相关人员进行询问得知，该单位负责人因急于恢复生产，未经消防部门同意，擅自清理、移动火灾现场物品。近日，云和消防大队根据《浙江省消防条例》第六十二条的规定，对该单位负责人实施罚款人民币叁佰元整的处罚。

在火灾事故调查工作中，火灾现场保护是一个很重要的环节，有效的现场保护是准确认定火灾原因的前提。然而，在现实生活中，往往出现火灾现场遭人为性破坏的现象，此行为在违反了法律的同时，也给消防工作人员在调查火灾现场时带来种种困扰。新出台的《中华人民共和国消防法》和《浙江省消防条例》中明文规定对破坏火灾现场的人员予以处罚，行为严重者予以拘留：例如《浙江省消防条例》中对不按要求保护火灾现场者以警告或100～500元的处罚；新《消防法》中对扰乱火灾现场秩序的重者处以10～15日拘留，可以并处100～500元的处罚，轻者予以警告或100～500元的处罚。

消防人员提醒广大市民：保护火灾现场不容忽视，擅自清理或移动火灾现场是违反法律的行为。

04

任何人不得损坏消防设施

建筑消防设施是保证建筑物消防安全和人员疏散安全的重要设施，是现代建筑的重要组成部分。在《建筑设计防火规范》等一系列消防技术法规中，规定了在一些高层建筑、地下建筑和大体量的建筑中，强制设置自动消防设施和消防控制室。这些消防设施在扑救建筑火灾中发挥了巨大的作用，有效地保护了公民的生命安全和国家财产的安全。

根据《中华人民共和国消防法》规定，任何单位和个人都有维护消防安全、保护消防设施的义务。任何单位、个人不得损坏、挪用或者擅自拆除、停用消防设施、器材，不得埋压、圈占、遮挡消火栓或者占用防火间距，不得占用、堵塞、封闭疏散通道、安全出口、消防车通道。

05
认识常见的消防设施

（1）手动火灾报警按钮。手动火灾报警按钮是手动触发装置。它具有在应急情况下人工手动通报火警或确认火警的功能。当人们发现火灾后，可通过装于走廊、楼梯口等处的手动报警开关进行人工报警。手动报警开关为装于金属盒内的按键，一般将金属盒嵌入墙内，外露红色外框的保护罩。

（2）防火门。防火门是指在一定时间内，连同框架能满足耐火稳定性、完整性和隔热性要求的门。它通常设置在防火分区隔墙上、疏散楼梯间、垂直竖井等处。

（3）防火卷帘。防火卷帘是指在一定时间内，连同框架能满足耐火完整性要求的卷帘。防火卷帘是一种防火分隔物，启闭方式为垂直卷的防火卷帘。平时卷起放在门窗洞口上方的转轴箱中，起火时将其放下展开，用以阻止火势从门窗洞口蔓延。防火卷帘一般设置在自动扶梯周围、中庭与每层走道、过厅、房间相通的开口部位、代替防火墙需设置防火分隔设施的部位等。

（4）室内消火栓系统。室内消火栓系统是建筑物内主要的消防设施之一，室内消火栓是供单位员工或消防队员灭火的主要工具。室内消火栓一般都设置在建筑物公共部位的墙壁上，有明显的标志，消火栓里有水带和水枪，有的还有消防卷盘。

（5）自动喷水灭火系统。自动喷水灭火系统是一种固定式自动灭火的设施，它自动探测火灾，自动控制灭火剂的施放。一般由洒水喷头、管道系统、湿式报警阀组、水流指示器、消防水源和供水设施等组成。在厂房、仓库、车间以及展览建筑、商店、旅馆建筑及医院、学校、影剧院等人员聚集场所均有设置。

（6）防排烟系统。防排烟系统是为控制起火建筑内的烟气流动，创造有利于安全疏散和消防救援的条件，防止和减少建筑火灾的危害而设置的一种建筑设施。主要设在没有自然排烟条件的防烟楼梯间、消防电梯间前室或合用前室；采用自然排烟措施的防烟楼梯间，其不具备自然排烟条件的前室以及封闭避难层（间）。

（7）消防应急照明灯。消防应急照明灯是在正常照明电源发生故障时，能有效地照明和显示疏散通道，或能持续照明而不间断工作的一类灯具。一般安装于疏散通道大门出口的门框上方，走廊、安全出口走道的墙壁上，距离地面 2 米以上的高度。

（8）烟雾火灾报警器。烟雾报警器是一种用于检测烟雾的感应传感器，一旦发生火灾危险，其内部的电子扬声器便会及时警醒人们。在城市旅馆、酒店、商场等公共场所必须合理安装烟感器，以确保火灾发生后能将危害降到最低。

延伸阅读

不会使用灭火器　小火差点惹大祸

据中国消防在线报道，近日，广西柳州市城中区中山西路一住户家中冒出浓烟并有明火，住户在家中呼救，消防部门闻讯赶到，发现该大厦配备有灭火器，但因住户不会使用，导致灭火被延误。起火点位于住户刘先生家的厨房。事后该厨房一片漆黑，部分灶具、窗户和厨具被烧毁。刘先生说，当天上午他在家煮东西，开着排气扇，谁知厨房突然就冒出浓烟，才发现灶台和排气扇已经烧了起来，他跑出门外呼救，还拿来灭火器，却不知如何使用。结果，他又跑到厕所接水灭火，直至消防官兵到场后，大火才被扑灭。这件事提醒我们，如果不会使用灭火器，小火可能会惹出大祸。为此，消防部门来和大家一起学学灭火器的使用，以及如何防范厨房里的火险隐患。

灭火器有多种类型，适宜扑灭不同种类的初起火灾，使用方法也不尽相同。

干粉灭火器适用于扑救各种易燃、可燃液体和易燃、可燃气体火灾，以及电器设备火灾。在使用之前要颠倒几次，使筒内干粉松动。然后除掉铅封、拔掉保险销，左手握着喷管，右手提着压把，在距火焰两米的地方，右手用力压下压把，左手拿着喷管左右摇摆，喷射干粉覆盖燃烧区，直至把火全部扑灭。因干粉冷却作用甚微，灭火后一定要防止复燃。

06

不可不知的警示标识

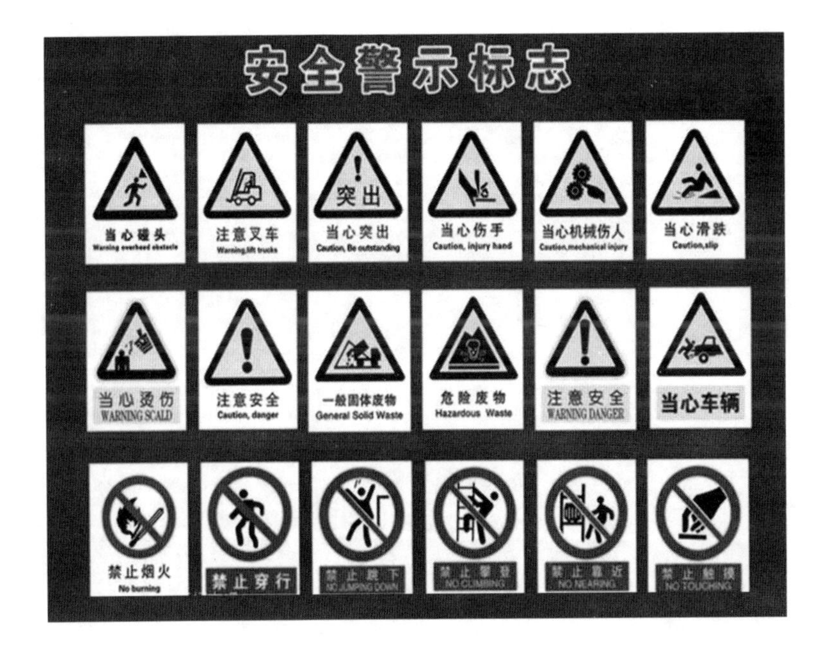

后 记

01 预见未知的危险

对于眼前的灾难，人们通常都会感到无比恐惧；然而当危险还处在潜伏状态时，却几乎很少有人留意它。

作为一名消防宣传工作者，十几年来，我一直以传播平安为己任，立志将安全知识送进千家万户。但理想很丰满，现实很骨感。当我把一腔热情，投入到单位社区、学校工厂、田间地头时，常常受到“冷遇”，人们对我口传心授的“安全真经”，似乎并无太大兴趣。每当我站在台前，看到下面昏昏欲睡、乐不可支摆弄手机的芸芸众生，只能用一个“囧”字形容当时的心情。

有时我甚至感觉自己就像一只多嘴的麻雀，不停地在枝头叽叽喳喳，提醒人们前方有危险，小心避让，而大多数人却充耳不闻，头也不回地朝前走去。

2004 年 2 月 15 日，一起震惊全国的特大火灾在吉林市中百商厦发生，火灾造成 54 人死亡，70 人受伤，直接经济损失 426 万元。经国务院调查组技术专家组勘察确定，火灾系中百商厦伟业电器行雇工于某，于当日 9 时许向 3 号库房送包装纸板时，将嘴上叼着的香烟掉落在仓库中，引燃地面上的纸屑纸板等可燃物引发的。

7 月 10 日，吉林市“2•15”特大火灾案公开宣判前夕，新华社记者对被看押的于某进行了专访。以下是他的自述：

我今年35岁，是吉林市中百商厦伟业电器行雇员。今年2月15日上午，我不小心把烟头丢在仓库里，没有踩灭，造成了这样的后果，我深感后悔。我后悔自己的防火意识太差，就这么一个小烟头，惹了这么大的祸。如果世界上有后悔药，就是用我的命去换，我也干，哪怕因此仅能挽救回一个在火灾中丧生的人，也值得。这件事注定会影响我一辈子，现在，我经常做噩梦，梦中大都是着火时那些撕心裂肺的场面。

对这次火灾，我有不可推卸的责任，判我多少年都不重，因为造成的损失太大了。说心里话，判死刑我都认，枪毙我都活该。我触犯法律必须受到惩罚，公安部门给我做笔录有七八回了，我的话一次也没有改。我从来没想推卸责任，因为我良心上过不去。

这段时间，我想了很多。我现在最想说两句话。第一句，将来刑满释放，我想做一些事情来回报社会，回报国家，这样我的良心也能得到一些安慰。如果还遇到谁在公共场所吸烟的话，我一定以我亲身的教训告诫他、阻止他。第二句，是说给我的父母和妻子的，那就是，真的对不起，真的！

一个小小的烟头，一个不经意的举动，毁掉了于某幸福的一生，也给几十个家庭带来灭顶之灾。于某字字血泪的忏悔，发人深省，但正如他自己所说的，世上没有后悔药，逝去的生命永远不可能重来！

孔子曾告诫我们："人皆曰予知，驱而纳诸罟擭陷阱之中，而莫之知辟也。"意思是，如今的人，与他论厉害，个个都说我聪明，既然聪明，则祸患在眼前自然晓得避绕了，可他们却只见利而不见害，知安而不知危，就像禽兽即将落在网罟陷阱里，尚自恬然而不知避去，怎么称得上聪明呢？

趋利避害是人的本能，我相信，绝没有人主观上愿意身陷泥淖，不可自拔。俗话说，一朝被蛇咬，十年怕井绳。为什么聪明的人类，总要等到灾难发生之后，才会反思警醒，战战兢兢、如履薄冰呢？为了摸清引发各类灾害事故的深层次心理原因，我曾一头扎进火灾档案馆，翻阅了最近十年全市发生的较有影响的火灾事故案卷，一起起悲剧事故在我面前回现，倾听着一个个火灾当事人追悔莫及的陈述，我在唏嘘感叹之余，也渐渐领悟到了触发灾祸开关的心理源头。

一是无知者无畏。灾祸发生前，大多数人对自己身边一直存在的安全隐患毫不知情，因此既不关心，也并不害怕。每天一家老小，出入其中，视而不见，直到隐患突然变成灾难，才惊恐万状、措手不及。

二是明知故犯。有一些单位和个人，明明知道有些行为违反安全操作规程，甚至被消防部门三令五申要求整改，但为了经济利益，为了省时省事，他们常常以侥幸心理以身试法，引发事故，自己也落得身败名裂，锒铛入狱。

以上两类人的心理和行为，无疑都是拿生命当儿戏，绝不可取。那么，我们究竟应该怎样做，才符合孔子所推崇的明智之举呢？我曾在儒家经典著作《中庸》中，读到过两句名言，或许可以作为答案参考。

“君子戒慎乎其所不睹，恐惧乎其所不闻。”意即君子常怀敬畏之心，不待目有所睹，耳有所闻，而后方感恐惧。

每一起灾害事故的形成，都有其发生、发展、演变的规律，如果我们在日常工作生活中，时时处处谨慎小心，在隐患萌芽之时，便能及时发现并采取措施将其清除，灾难就绝不会有生根发芽的土壤。

02 知而不行非真知

几年前，我曾采访过一名因消防责任事故罪被判刑的企业负责人，在狱中，该负责人万念俱灰，声泪俱下对我讲：

“一场大火把一切都毁了，多年苦心经营的企业化为灰烬，家中老人孩子孤苦伶仃，无人照管，还欠下一屁股烂账，咳，真该把我也烧死，一了百了！”

“您认为是什么原因导致事故发生的呢？”我问。

“一切全赖我，我明明知道企业存在电气线路老化，消火栓缺水等消防安全问题，火灾发生前，工程部和保卫部也都给我打了整改报告，但我考虑到企业正处在销售旺季，就暂时搁下了。本想挺过这一阵再投入经费整改，万万没料到，偏偏在这时着火了！”

“您其实只是看到了问题的表面，但并非真正了解问题的本质。”我说。

负责人听完我的话，一脸木然。

“如果您能像经营企业一样，深刻了解火灾发展的规律。洞察带病运行的电气线路，在高强度的工作负荷下，正一点点变软、发烫，甚至冒烟，离火灾的发生仅有一步之遥。您还会强令企业员工，24 小时开机生产吗？”我反问。

负责人低头沉思，摇了摇头。

“如果您真正了解一次火灾的后果，会让您倾家荡产，锒铛入狱，能把您亲手创造的一切幸福撕成碎片，可以把您从天堂摔进地狱，您还会抱着侥幸的心理，为了暂时的眼前利益，不顾一切铤而走险吗？”

负责人深深地埋下头，沉默不语。

明朝时期著名哲学家王阳明曾提出“知行合一”的观点，他说：“未有知而不行者，知而不行，只是未知。”在他看来，从来就没有知道了却不去践行的，那些夸夸其谈、不去采取行动的人，只是自以为然，或一知半解，并不是真正知道。

他怕学生们听不懂，又举例阐释，譬如有人说自己懂得孝顺的道理，但对父母的日常起居、身体状况，从不关心过问，这样的人就算不上真正懂得孝。

王阳明认为，知行原本就是一体的，不可分开而论。即知是行的主意，行是知的功夫。知是行之始，行是知之成。若会得时，只说一个知，已自有行在。只说一个行，已自有知在。

古人所以既说一个知，又说一个行者，只为世间有一种人，懵懵懂懂地任意去做，全不解思惟省察，也只是个冥行妄作，所以必说个知，方才行得是。又有一种人，茫茫荡荡悬空去思索，全不肯着实躬行，也只是个揣摩影响，所以说一个行，方才知行真。此是古人不得已补偏救弊的说话。

纸上得来终觉浅，绝知此事要躬行。王阳明的思考启迪我们，判断一个人是否真正掌握了某门知识，不用听他说得有多好，而要看他如何用知识来指导并改变自己的行动。做人如此，做学问如此，与每人息息相关的生命安全更当如此。

在一次企业培训时，一名员工对我说：“我们都很忙，您看能不能快点讲，这些安全知识年年讲，我们基本上都懂。”我不理解这位员工所谓的“都懂”究竟是何意。如果仅限于看看书本，听听报告，极不情愿地参加一次单位组织的安全培训，走过场似的搞搞演练，对于身边存在的安全隐患，熟视无睹，从不关心，从不整改，那么是谈不上“都懂”的。

因为，无数血的事实告诫我们，安全之路绝无捷径，浅尝辄止、只说不练、摆花架子，无疑都是掩耳盗铃、自欺欺人。只有俯下身来，仔细查一查每个角落存在的安全隐患，走一走每条安全通道是否畅通，试一试身边的应急设备设施是否完整好用，才能真正做到心中有数，未雨绸缪，阔步奔上平安“大道”。

03 好人一生平安

据安全心理学研究成果表明，因愤怒、焦急、忧郁而分心，是各类事故发生时常见的几种心理状态之一。

我曾参与过一起交通事故抢险救援。车祸现场造成 1 人死亡、3 人受伤，而引发事故的根源，竟然是由于两名肇事司机斗气“闹别扭”。

司机李某出门前，因家庭琐事与爱人争吵，赌气驾车上了路，行驶至立交桥拐弯处，驾驶面包车的王某在超车时与李某的小轿车发生轻微剐蹭。由于当时王某正拉着生病的孩子着急赶往医院，因此并未减速停车。本来就窝着火的李某非常气愤，不顾路上其他车辆的行驶安全，加速追赶，在高速路上演“疯狂”追车，车辆飞速行驶间，李某甚至从车窗探出头来，恶言辱骂王某。当两车行驶至三环中路时，行驶在前面的面包车突然一脚急刹，在后面紧追不舍的李某猝不及防，撞向了王某的面包车，酿成一死三伤的惨剧。

通常来讲，人们顺着本意便欢喜，逆着心意便恼怒。失其所欲便悲哀，得其所欲便欢乐。此乃人之常情，本无可厚非。但如果随心所欲，不以理智来节制，使喜怒哀乐等情感如汹涌泛滥的洪水，恣意妄行，往往一发而不可收拾。

《礼记》有云：人有礼则安，无礼则危。人类所面临的危险，除了天灾和意外伤害，更多时候源自于人类自身。过着群居生活的人们，生活工作中总要与形形色色的人群接触交往，发生千丝万缕的联系，如果没有一颗仁爱辞让之心，不懂得人与人之间的相处之道，处处争强好胜，见利忘义，甚至勾心斗角，损人利己，难免与人发生矛盾冲突，给他人带去身心伤害的同时，也让自己处于危险境地。

新华社记者乔云华在其著作《罪与罚——与少年犯对话》中写道："在我采访的 120 多起未成年人犯罪的案件中，有 90 多起属暴力犯罪，其中又有一半只因‘一个眼神’、‘一句话’或‘踩了一下脚’、‘撞了一下胳膊’等微不足道的根由，化解不当，导致冲突升级、酿成血案。更令人担忧的是，目前这类案件非但没有被遏制的迹象，相反却呈现逐年递增的态势。"而导致这些少年犯自私、残忍、冷漠的原因，是因为他们"不懂爱，不会爱"。

这是一个物质丰富、科技发达的时代，同样也是一个物欲横流、享乐主义盛行的时代，如果人们随波逐流，一味听从欲望驱使，追求物质生活享受，而忽略了内心道德建设，缺乏自我约束和包容厚德的力量，人生便会失去航向，犹如一艘行驶在惊涛骇浪中的小船，一个极小的波浪都随时可能将其掀翻。

孔子十五而有志于学"礼"，一生以"仁"为己任，讲授传播人与人之间和平相处之道。他曾形象比喻说，每个人的人生都走在五条大道上，分别是，君臣之道、父子之道、夫妻之道、兄弟之道、朋友之道，在这人生大道上奔驰时，需要三件"护身符"，即智慧、仁爱、勇气。

孟子也讲过类似的道理，他说一个君子之所以有别于他人，在于他的一颗心。"君子以仁存心，以礼存心。仁者爱人，有礼者敬人。爱人者人恒爱之，敬人者人恒敬之。"

近代著名小说家沈从文在其名著《边城》中，便描写了这样一个时时为人所尊敬和爱戴的君子——一生尽职尽责、坚守渡口的老船夫：

“祖父一到河街上，且一定有许多铺子上商人送他粽子与其他东西，作为对这个忠于职守的划船人一点敬意，祖父虽嚷着‘我带了那么一大堆，回去会把老骨头压断’，可是不管如何，这些东西多少总得领点情。

走到卖肉案桌边去，他想‘买肉’，人家却不愿接钱，屠户若不接钱，他却宁可到另外一家去，决不想沾那点便宜。那屠户说，‘爷爷，你为人那么硬算什么？又不是要你去做犁口耕田！’但不行，他以为这是血钱，不比别的事情，你不收钱他会把钱预先算好，猛的把钱掷到大而长的钱筒里去，攫了肉就走去的。

卖肉的明白他那种性情，到他称肉时总选取最好的一处，且把分量故意加多，他见及时却将说：‘喂喂，大老板，我不要你那些好处！腿上的肉是城里人炒鱿鱼肉丝用的肉，莫同我开玩笑！我要夹项肉，我要浓的糯的，我是个划船人，我要拿去炖葫萝卜喝酒的！’得了肉，把钱交过手时，自己先数一次，又嘱咐屠户再数，屠户却照例不理会他，把一手钱哗的向长竹筒口丢去，他于是简直是妩媚的微笑着走了。屠户与其他买肉人，见到他这种神气，必笑个不止……”

君子襟怀坦荡，阳光豁达，穷则独善其身，达则兼济天下，使老者安之、朋友信之、少者怀之，必然为世人所景仰、尊敬，所到之处，如一团春风，暖意融融。好人一生平安，这既是人们对品行高洁之士的美好祝愿，也是人类处世智慧的高度凝练和结晶。

图书在版编目（CIP）数据

安全感：不可不知的救命常识 / 刘海燕编著. —北京：电子工业出版社，2017.1
ISBN 978-7-121-30008-0

Ⅰ. ①安…　Ⅱ. ①刘…　Ⅲ. ①安全教育—普及读物　Ⅳ. ①X956-49

中国版本图书馆 CIP 数据核字（2016）第 236327 号

策划编辑：刘声峰（itsbest@phei.com.cn）　刘娴庆
责任编辑：刘娴庆　特约编辑：向　阳　文字编辑：冯　照　彭扶摇
印　　刷：三河市鑫金马印装有限公司
装　　订：三河市鑫金马印装有限公司
出版发行：电子工业出版社
　　　　　北京市海淀区万寿路 173 信箱　邮编 100036
开　　本：720×1 000　1/16　印张：18.75　字数：234 千字
版　　次：2017 年 1 月第 1 版
印　　次：2017 年 1 月第 1 次印刷
定　　价：49.00 元

凡所购买电子工业出版社图书有缺损问题，请向购买书店调换。若书店售缺，请与本社发行部联系，联系及邮购电话：（010）88254888，88258888。

质量投诉请发邮件至 zlts@phei.com.cn，盗版侵权举报请发邮件至 dbqq@phei.com.cn。

本书咨询联系方式：39852583（QQ）。